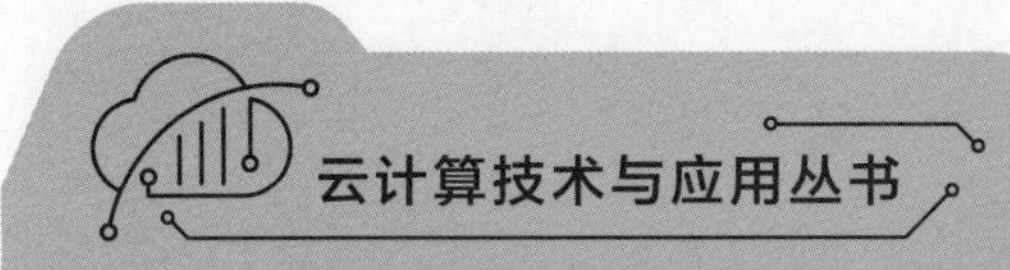

虚拟化技术项目式教程

许桂秋　赵友贵◎主　编
李伟丽　朱家全◎副主编

人民邮电出版社
北京

图书在版编目（CIP）数据

虚拟化技术项目式教程 / 许桂秋，赵友贵主编. 北京 : 人民邮电出版社，2025. -- (云计算技术与应用丛书). -- ISBN 978-7-115-66127-2

Ⅰ. TP338

中国国家版本馆CIP数据核字第2025BA8692号

内 容 提 要

本书从应用实践出发，寓教于实操，详细介绍虚拟化技术的基础内容和操作技能，共包括6个项目，分别是KVM概述、使用Libvirt创建和管理虚拟机、使用virt-manager创建和管理虚拟机、虚拟网络的配置和管理、网络存储架构的搭建和使用、KVM镜像管理与桌面虚拟化。通过具体实验，读者能够更透彻地理解理论知识，了解虚拟机技术典型应用和实操技巧。本书紧跟行业需求和发展现状，以业内的最佳实践来设计和开展相关实验，力求培养读者扎实的理论基础和动手能力。

本书内容丰富，实验贴近真实应用，是一本帮读者快速掌握虚拟化技术基础知识的入门级图书。本书可作为云计算领域从业者的参考书，也可作为云计算相关课程的教材。

◆ 主　　编　许桂秋　赵友贵

副 主 编　李伟丽　朱家全

责任编辑　张晓芬

责任印制　马振武

◆ 人民邮电出版社出版发行　　北京市丰台区成寿寺路11号

邮编　100164　　电子邮件　315@ptpress.com.cn

网址　https://www.ptpress.com.cn

北京隆昌伟业印刷有限公司印刷

◆ 开本：787×1092　1/16

印张：11.25　　2025年4月第1版

字数：226千字　　2025年4月北京第1次印刷

定价：59.80元

读者服务热线：(010)53913866　印装质量热线：(010)81055316

反盗版热线：(010)81055315

前言

在当今信息化飞速发展的时代，虚拟化技术作为云计算、大数据处理的重要支撑，已经成为 IT 领域不可或缺的一部分。KVM 作为一种开源的全虚拟化解决方案，在众多虚拟化技术中脱颖而出，不仅因为它具有强大的性能和灵活性，还因为它能够无缝集成到 Linux 内核中，为用户提供一个高效、安全的虚拟化平台。

本书采用“项目导向，任务驱动”，融“教、学、做”为一体的工学结合编写模式。读者可以通过每个项目的项目描述了解项目需求，通过项目实践提高分析和解决实际问题的能力，养成良好的动手习惯。

本书以 KVM 为核心，深入浅出地介绍虚拟化技术的基本概念、KVM 的技术特点及它在实际中的应用。本书共 6 个项目，每个项目都围绕一个具体的应用场景展开，旨在通过理论与实践相结合的方式，引导读者逐步深入了解 KVM 虚拟化的各个层面。从最基础的 KVM 环境搭建开始，到使用 Libvirt、virt-manager 等工具创建和管理虚拟机，再到虚拟网络的配置、网络存储架构的搭建，以及高级的镜像管理和桌面虚拟化，项目设计逐层递进，确保读者能够在实践中学习，在学习中成长。

由于编者水平有限，书中难免存在一些疏漏和不足之处，恳请大家批评指正。为了便于学习，本书提供了丰富的配套资源，读者可扫描并关注下方二维码，回复数字 66127 进行获取。

“信通社区”公众号

2025 年 2 月

目录

项目一 KVM 概述

虚拟化技术可以将物理硬件资源（如服务器、存储设备和网络设备等）转化为虚拟资源，从而实现资源的共享、灵活调配和高效利用。通过虚拟化技术，企业可以提高资源利用率、降低成本并增强系统的灵活性。常见的虚拟化技术包括服务器虚拟化技术、应用虚拟化技术、存储虚拟化技术和网络虚拟化技术等。虚拟化技术虽然带来了诸多优势，但也面临着安全性、性能管理等方面的挑战。在云计算、数据中心等领域，虚拟化技术得到了广泛应用。实施虚拟化需要合理规划硬件和软件资源，确保系统的稳定性和兼容性。

VMware 和基于内核的虚拟机（kernel-based virtual machine，KVM）是两种流行的虚拟化解决方案，对于需要高可靠性和稳定性的虚拟化环境的企业和数据中心来说，VMware 可能是更好的选择。而对于需要灵活性和可定制性的云计算和开源社区来说，KVM 可能更受欢迎。KVM 作为 Linux 内核的一部分，提供了强大的全虚拟化解决方案，允许用户在一台物理服务器上运行多个操作系统和应用程序，从而优化资源分配和提高运营效率。

本项目使用实际的应用场景示例，使读者能够全面了解虚拟化技术的核心理念及优势，并掌握 VMware、KVM 的安装方法及基本操作和常用命令。通过本项目的学习，让读者对云计算的核心技术——虚拟化技术有清晰的认知，并掌握在实际环境中部署与维护 VMware 和 KVM 虚拟化环境所需的知识和技能，为应对未来的技术挑战做好准备。

1.1 学习目标

1. 理解虚拟化技术的基本概念和类型。
2. 了解主流的虚拟化解决方案。
3. 掌握 VMware 的安装以及相关配置方法。
4. 掌握 KVM 作为全虚拟化解决方案的工作原理和特点。
5. 熟悉 KVM 的功能列表和管理工具集。

6．了解虚拟化技术的优势、挑战和未来发展趋势。

7．学习如何使用 KVM 和 QEMU 创建和管理虚拟机。

1.2 项目描述

本项目旨在提供一个关于 VMware 和 KVM 虚拟化技术的全面概述，包括基本概念、工作原理、关键功能和应用场景。通过实战演练，指导读者完成 VMware 的安装及相关配置，搭建 QEMU-KVM 虚拟化环境，创建虚拟硬盘并安装虚拟机。

1.3 相关知识

1.3.1 虚拟化概述

虚拟化技术能够将计算机的实体资源（如 CPU、内存、存储设备和网络适配器等）进行抽象化和转换，以一种或多种虚拟配置环境的形式进行呈现。这种技术让用户可以更加灵活地使用计算机硬件资源，打破了物理硬件的界限，将物理硬件资源抽象成虚拟资源，以此实现对硬件资源的统一管理和使用，提高资源的利用效率。通过虚拟化技术，用户可以在单一物理硬件上运行多个虚拟机（virtual machine，VM）。每个虚拟机都拥有独立的操作系统和应用程序，并且可以像独立的物理计算机一样运行。

图 1-1 展示了虚拟化架构与传统架构的对比。虚拟化架构允许多个独立的虚拟系统在同一台物理主机上并行运行，每个虚拟化操作系统都可以承载不同的应用程序，这与传统架构有显著不同。传统架构中的操作系统是直接运行在物理主机上的。而在虚拟化架构中，虚拟化操作系统由运行在物理主机上的虚拟化软件（如 VMware）来管理，各个具体应用程序则在这些虚拟机上运行。这种设计使一台物理主机能够同时运行多个操作系统，而且这些系统之间是相互隔离的，互不干扰。

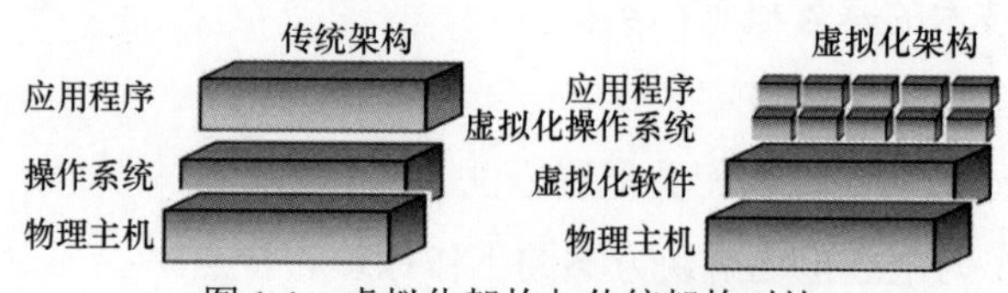

图 1-1　虚拟化架构与传统架构对比

1．虚拟化技术的主要类型

全虚拟化（full virtualization）：完全模拟底层硬件，允许未经修改的操作系统和应用程序在虚拟环境中运行。KVM 和 VMware ESXi 是全虚拟化的典型例子。

半虚拟化（para-virtualization）：需要对操作系统进行修改，以便它知道自己运行在虚拟环境中，从而提高性能。Xen 是一个半虚拟化的虚拟机监视器（hypervisor）。

硬件辅助虚拟化（hardware-assisted virtualization）：利用 CPU（如 Intel VT-x 或 AMD-V）的虚拟化扩展来提高虚拟化的性能和效率。

操作系统级虚拟化（operating system level virtualization）：在单个操作系统实例上模拟多个隔离的“容器”，共享宿主机操作系统的内核。Docker 和 LXC 是操作系统级虚拟化的流行实现。

2．虚拟化的意义

提高资源利用率：虚拟化技术可以动态分配和调度物理硬件资源，使得资源的使用更加高效。通过共享物理硬件资源，多个虚拟机可以在同一台物理服务器上运行，从而减少了硬件资源的浪费。

降低成本：虚拟化技术可以降低企业的 IT 成本。通过减少物理服务器的数量，企业可以节省硬件购置、维护和管理成本。此外，虚拟化还可以降低能源消耗，进一步减少运营成本。

提高可靠性和可用性：虚拟化技术可以实现高可用性和灾难恢复等特性。虚拟机迁移、快照备份等技术可以确保业务的连续性和数据的完整性。

简化管理和维护：虚拟化技术可以实现对虚拟机的集中管理和维护，简化 IT 管理流程。通过虚拟化管理平台，管理员可以轻松地部署、监控和管理虚拟机，提高工作效率。

促进云计算和数据中心的发展：虚拟化技术是云计算和数据中心的重要基础。虚拟化可以实现资源的池化管理和按需分配，为云计算提供强大的支撑。

3．虚拟化技术的优势

资源利用率提升：在单台物理服务器上运行多个虚拟机，可以更高效地利用硬件资源。

成本节约：减少对额外硬件的需求，降低采购和维护成本。

灵活性和可扩展性：根据需要快速部署、移动和扩展虚拟机。

隔离性：每个虚拟机都是独立运行的，一个虚拟机的故障不会影响到其他虚拟机。

安全性：通过隔离可以提高安全性，例如，可以在隔离环境中测试不受信任的软件。

灾难恢复：虚拟机可以快速迁移或复制，便于实现灾难恢复策略。

开发和测试：便于开发人员在同一硬件平台上测试不同的操作系统和应用程序组合。

4．虚拟化技术的挑战

性能开销：虚拟化层可能会产生一定的性能开销。

复杂性：对多个虚拟机和它们之间依赖关系的管理可能比较复杂。

安全性问题：虽然虚拟化技术提供了隔离，但虚拟化平台本身的安全性也需要得到保障。

5．虚拟化技术的发展趋势

安全性、可靠性和性能优化：提高虚拟化的效率和稳定性。

与新技术结合：与人工智能、物联网等新技术相结合，为数字化转型和智能化升级提供更加全面和高效的解决方案。

云计算和边缘计算：云计算将成为虚拟化技术的主要应用场景，边缘计算将进一步提升云计算的性能和可扩展性。

6．虚拟化技术的应用场景

数据中心虚拟化：提高资源利用率、降低管理复杂性和提高灵活性。

云计算：提供灵活的计算和存储服务，满足不同用户和应用程序的需求。

测试和开发环境：提供一个隔离和可控的环境，方便开发人员进行应用程序的测试和开发。

桌面虚拟化：提高移动性和灵活性，同时简化桌面环境的管理和维护。

网络虚拟化：创建多个隔离的虚拟网络，提供灵活的网络配置和管理。

总之，虚拟化技术在数据中心、云计算、开发和测试环境，以及个人计算机中有着广泛的应用。随着技术的发展，虚拟化技术将继续在提高 IT 基础设施的效率和灵活性方面发挥关键作用，同时继续与新兴技术融合，推动企业数字化转型和智能化升级。

1.3.2 虚拟化技术的分类

常见的虚拟化技术主要分为以下几种类型。

1．服务器虚拟化技术

服务器虚拟化技术可以在一台物理服务器上创建多个虚拟服务器实例，每个实例都可以运行独立的操作系统和应用程序。这种虚拟化技术使一台物理服务器可以同时运行多个虚拟服务器，从而提高服务器资源的利用率。

在服务器虚拟化技术中，虚拟化软件（如 VMware、Hyper-V 等）将物理服务器的硬件资源（如处理器、内存、存储设备等）进行抽象和分割，创建多个虚拟机来模拟独立的服务器。每个虚拟机（VM）都可以运行独立的操作系统和应用程序，就像一台真实的服务器一样。图 1-2 展示了一种服务器虚拟化解决方案。

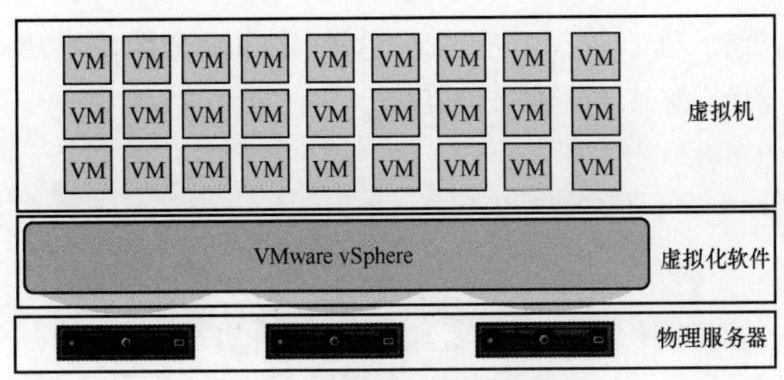

图 1-2 服务器虚拟化解决方案

服务器虚拟化技术主要分为 3 种类型：全虚拟化、半虚拟化和操作系统级虚拟化。全虚拟化是一种基于软件的虚拟化技术，通过在物理服务器上安装虚拟化软件（如 VMware、Hyper-V 等），创建一个虚拟机监视器来模拟硬件环境。在全虚拟化中，每个虚拟机运行独立的操作系统和应用程序，不需要对应用程序进行修改。半虚拟化则需要修改客户机操作系统，以更好地利用虚拟化技术提供的硬件资源。操作系统级虚拟化则是一种更轻量级的虚拟化技术，它共享一个操作系统内核，但为每个应用程序提供独立的运行环境。

服务器虚拟化技术的主要优势包括提高资源利用率，降低能耗和运营成本，简化系统管理和提高业务适应性。通过将物理服务器资源抽象成逻辑资源，服务器虚拟化技术使 CPU、内存、磁盘空间、I/O 接口等硬件变成可以动态管理的“资源池”，从而提高了资源的利用率。此外，服务器虚拟化技术还可以实现服务器整合，减少物理服务器的数量，降低数据中心每个月的能耗和散热开销。同时，通过虚拟化技术，用户可以更方便地进行系统管理和维护，实现快速部署和灵活的业务调整。

2．网络虚拟化技术

网络虚拟化技术是指在一个物理网络上模拟出多个逻辑网络的技术。网络虚拟化技术通过对物理网络资源进行划分和逻辑隔离，使不同的用户或应用程序能够共享同一底层网络资源，同时保持彼此之间的隔离和安全性。

具体来说，网络虚拟化技术可以在现有的物理网络基础设施上创建虚拟网络，这些虚拟网络可以根据用户需求进行定制，其中包括网络拓扑、网络策略等的定制。用户可以在虚拟网络中独立地管理和操作自己的网络资源，而不需要关心底层物理网络的细节。图 1-3 展示了一种网络虚拟化解决方案。

网络虚拟化技术的主要优势包括提高网络灵活性、可扩展性和管理效率，同时为用户提供更安全、更可靠的网络环境。通过网络虚拟化技术，企业可以更好地利用现有网络资源满足不断增长的业务需求，并降低网络建设和维护成本。

此外，网络虚拟化技术还可以实现多租户隔离和资源共享，使得多个用户或应用程序可以在同一物理网络上独立运行，互不干扰。这种隔离和资源共享的特性让网络虚拟化技术在云计算、数据中心等领域得到广泛应用。

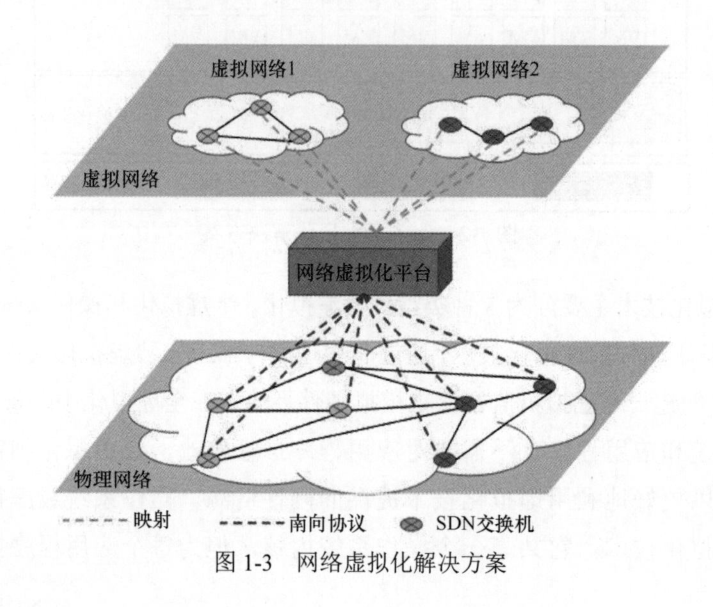

图 1-3　网络虚拟化解决方案

3．存储虚拟化

存储虚拟化技术将具体的存储设备或存储系统和服务器操作系统分隔开来，为存储用户提供统一的虚拟存储池。这种虚拟化技术为用户展示了一个逻辑视图，同时将应用程序和用户所需要的数据存储操作和具体的存储控制分离。图 1-4 展示了存储虚拟化解决方案。

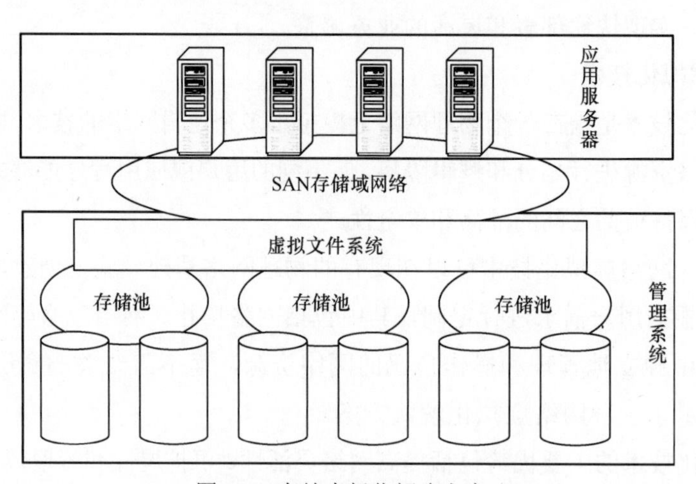

图 1-4　存储虚拟化解决方案

存储虚拟化技术可以看作对存储硬件资源进行抽象化表现的过程，它在一个或多个目标服务或功能上集成其他附加功能，从而统一提供全面、有用的功能和服务。这种虚拟化不仅屏蔽了系统的复杂性，还可以增加或集成新的功能，对现有功能进行仿真、整合或分解。

存储虚拟化技术的主要任务包括在多个物理存储设备或存储系统上，尤其是在异构环境中创建一个抽象层来简化管理，以及对存储资源进行优化。这种技术使存储资源的管理和使用更为灵活和高效，提高了存储系统的可靠性和性能。

4．应用虚拟化技术

应用虚拟化技术通常涵盖两个层面：应用虚拟化和桌面虚拟化。应用虚拟化是一种将应用程序与其所依赖的操作系统分离的技术。通过应用虚拟化，应用程序可以在一个独立的、压缩的可执行文件夹中运行，而不需要安装到操作系统中。这种虚拟化技术允许应用程序在不依赖特定操作系统或硬件平台的情况下运行，从而提高应用程序的兼容性和可移植性。由于应用程序与操作系统的解耦合，应用虚拟化技术还减少了应用程序对系统资源的需求，提高了安全性，降低了维护成本，并简化了数据备份和恢复的过程。

桌面虚拟化技术主要关注如何将用户桌面的计算逻辑和应用程序的交互逻辑进行分离。在桌面虚拟化技术中，用户通过客户端设备连接至远程的应用服务器或虚拟桌面环境，用户界面的交互（如键盘和鼠标操作）通过网络传输到服务器进行处理，处理结果返回给客户端设备进行显示。这种技术为用户提供了一个与物理设备桌面环境几乎一致的虚拟桌面环境，用户可以像在本地计算机上一样进行工作，而实际的计算逻辑和数据处理都在服务器上完成。桌面虚拟化技术可以实现快速部署、集中管理和维护，简化桌面环境的更新和升级流程，提高灵活性和安全性。

使用桌面虚拟化技术可以大大简化桌面管理和维护的工作流程。所有的应用客户端系统都被部署在数据中心的一台或多台服务器上，这些服务器通常称为虚拟桌面基础设施（virtual desktop infrastructure，VDI）服务器。用户通过瘦客户端（thin client）设备或标准的个人计算机连接这些服务器，从而获得完整的桌面使用体验。

在这个过程中，用户不会感知到任何差异，因为他们看到的是一个完全虚拟化的桌面环境，这个环境与他们过去在本地计算机上使用的环境几乎完全相同。实际上，所有的计算逻辑、数据处理和应用程序执行都发生在远程的服务器上，而用户端设备主要负责显示虚拟桌面界面、接收用户输入（如键盘敲击和鼠标移动）并将相关内容传输回服务器。

市场上已经存在多种桌面虚拟化解决方案，如 Citrix XenDesktop、戴尔公司的 Wyse ThinOS、微软的远程桌面服务（remote desktop service，RDS）、微软企业桌面虚拟化（Microsoft Enterprise Desktop Virtualization，MED-V）以及 VMware View Manager，这些解决方案提供了丰富的功能集和灵活性，能够满足不同组织的特定需求。图 1-5 展示了桌面虚拟化解决方案。

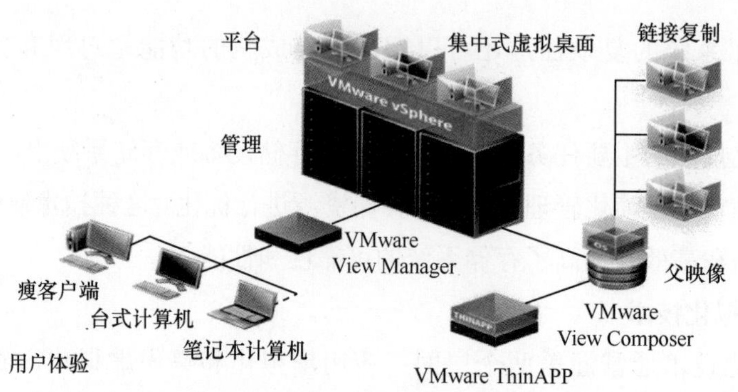

图 1-5　桌面虚拟化解决方案

1.3.3　虚拟化开源技术

1．Vmware

VMware 技术的核心是虚拟化引擎，该引擎可以在物理硬件和操作系统之间建立一个抽象层，将硬件资源转化为虚拟资源供虚拟机使用。它不仅可以提高硬件资源的利用率，降低成本，还可以简化管理，提高系统的灵活性和可扩展性。VMware 的虚拟快照技术可以实现快速系统恢复，确保数据的完整性；虚拟网络和安全策略可以提供强大的网络安全保障。VMware 官方网站提供了多个经过预先配置的操作系统和应用程序的免费虚拟盘映像，以及对 VMware 虚拟硬盘和软盘映像文件进行挂载、操作及转换的免费工具。

2．KVM

KVM 是 Linux 内核中内置的虚拟化模块，它利用硬件虚拟化扩展（如 Intel VT-x 和 AMD 的 AMD-V）来提供高性能的虚拟化。KVM 允许在单台物理服务器上运行多个虚拟机，每个虚拟机都有私有的硬件资源，如网卡、磁盘和图形适配器等。

KVM 实现虚拟化需要硬件支持（如 Intel VT 技术或 AMD-V 技术），它是基于硬件的全虚拟化技术。KVM 的基本架构包括 Linux 内核模式、Linux 用户模式、客户模式，如图 1-6 所示。

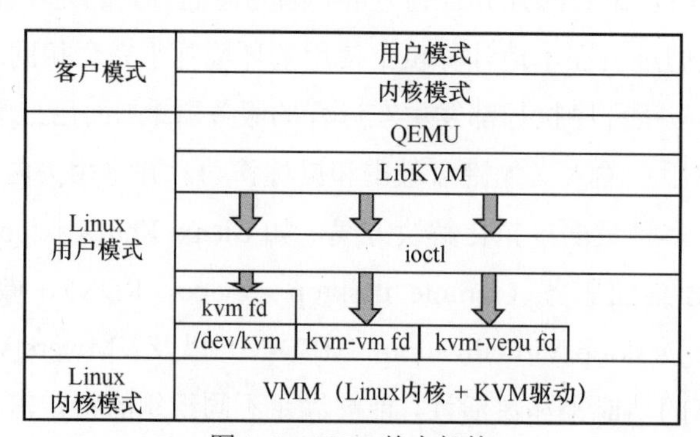

图 1-6　KVM 基本架构

3. Xen

Xen 是基于 x86 架构的开源虚拟化技术，它可以在单台计算机上安全地运行多个虚拟机，并且不需要对操作系统进行特殊修改。Xen 通过准虚拟化技术获得高性能，并在包含 x86 在内的多种架构上表现出色。

Xen 虚拟机支持实时迁移功能。实时迁移允许虚拟机在运行时从一台物理主机迁移到另一台物理主机，而不需要完全中断或关闭服务，这是通过共享存储和内存页面复制技术实现的。为了保证迁移过程中虚拟机服务的可用，迁移过程仅有非常短暂的停机时间。在迁移的前面阶段，服务在源主机运行。当迁移进行到一定阶段，目标主机已经具备了运行系统的必须资源，经过一个非常短暂的切换，源主机将控制权转移到目标主机，服务在目标主机上继续运行。在实时迁移过程中，源主机和目标主机通过共享存储系统来交换虚拟机的内存页面，同时，虚拟机的状态信息（如 CPU 寄存器状态、内存页面等）也被实时传输到目标主机上。这样，目标主机可以在虚拟机不停止工作的情况下接管并继续运行虚拟机。为了确保虚拟机的数据一致性，在迁移的最后阶段，虚拟机会被暂停一小段时间（通常为 60～300 ms），以完成最后的内存页面同步化。这个过程是透明的，用户通常不会感知到明显的中断或时延。Xen 基本架构如图 1-7 所示。

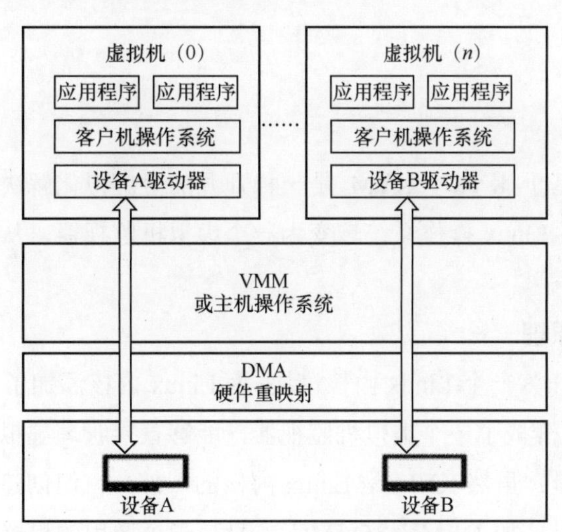

VMM——virtual machine monitor，虚拟机监控器；
DMA——direct memory access，直接存储器访问。

图 1-7 Xen 基本架构

实时迁移功能对提高虚拟化环境的可用性和灵活性非常有用。例如，它可以在不中断服务的情况下进行硬件维护、升级或故障转移。此外，实时迁移还可以帮助实现负载均衡，根据资源需求动态调整虚拟机在物理主机之间的分布。

4. Hyper-V

Hyper-V 是微软公司的一款虚拟化产品，它是微软公司第一个采用类似 VMware ESXi

的基于虚拟机监视器的技术。Hyper-V 采用系统管理程序虚拟化技术，能够实现桌面虚拟化。它可以在同一硬件上运行多个虚拟机，这些虚拟机在自己的隔离空间中运行，互不影响。

Hyper-V 有助于更有效地使用硬件，将服务器和负载合并到更少、功能更强大的物理计算机上，从而使用更少的电源和物理空间。此外，它还可以帮助建立或扩展私有云环境，提供更灵活的服务，改进业务连续性，并可以建立或扩展 VDI，提高业务灵活性和数据安全性。

5．Docker

Docker 是一个开源的应用容器引擎，可以让开发人员可以将应用程序和依赖包打包到一个可移植的镜像中，并将镜像发布到任何部署了 Linux 或 Windows 操作系统的设备上，也可以实现虚拟化。Docker 容器完全使用沙箱机制，相互之间不会有任何接口。

Docker 使用客户机/服务器（C/S）架构，使用远程 API 管理和创建 Docker 容器，其中，Docker 容器通过 Docker 镜像来创建。与 KVM 不同，Docker 采用基于 Linux 容器（Linux container，LXC）的轻量级虚拟化，因此具有启动快且占用资源少的特点。Docker 既适合构建隔离的标准化运行环境、轻量级的平台即服务（platform as a service，PaaS），又适合构建自动化测试和持续集成环境，以及一切可以横向扩展的应用。

1.3.4 KVM 概述

本书的项目主要基于 KVM。KVM 是一种开源的全虚拟化解决方案，它直接集成在 Linux 内核中，可以将 Linux 操作系统转变为一个虚拟机监视器，从而在未修改的硬件上运行多个虚拟机。

1．KVM 的工作原理

内核模块：KVM 作为一个 Linux 内核模块，为 Linux 内核添加了虚拟化功能。当 KVM 加载后，Linux 内核就变成了一个虚拟机监视器，能够直接管理虚拟机。

用户空间管理工具：虽然 KVM 是 Linux 内核的一部分，但创建、管理和控制虚拟机通常需要用户空间工具，如 QEMU。QEMU 本身是一个通用的机器模拟器和虚拟机监控器，可以模拟不同的硬件环境。结合 KVM，QEMU 可以利用硬件加速来运行虚拟机，提供接近物理机的性能。

虚拟机实例：一个虚拟机表现为一个常规的 Linux 进程，由 KVM 管理并直接运行在宿主机的 CPU 上。每个虚拟机有自己的私有虚拟化内存、磁盘、网络接口等资源，这些资源通过 QEMU 或其他输入/输出（input/output，I/O）后端来模拟或转发。

2．KVM 的特点

性能：由于直接在硬件层面上利用 CPU 的虚拟化扩展，因此 KVM 能够提供高性能的虚拟化体验，尤其是在 CPU 密集型应用程序中。

资源效率：KVM 具有其轻量级特性，对系统资源的需求较低，有助于提高宿主机的整体资源利用率。

开放性与兼容性：作为开源软件，KVM 得到了广泛的社区支持，与 Linux 生态系统高度集成，支持多种操作系统作为客户机操作系统。

灵活性：KVM 支持多种管理工具和云平台，如 Libvirt、OpenStack、oVirt 等，便于自动化和大规模部署。

3．KVM 的应用场景

KVM 广泛应用于数据中心、云服务提供商、开发与测试环境以及企业 IT 基础设施中。由于其开源属性和高性能表现，KVM 成为许多企业和组织虚拟化技术的重要选择。

1.3.5 KVM 的关键功能

KVM 作为一项成熟的虚拟化技术，提供了一系列丰富的功能，可以支持高效、灵活的虚拟机管理与配置。以下是一些关键的 KVM 功能。

硬件虚拟化支持：利用 Intel VT-x 或 AMD-V 等处理器技术，直接在硬件层面实现虚拟化，提供接近物理机的性能。

内核集成：作为 Linux 内核的一部分，KVM 可以充分利用 Linux 内核的现有功能，如内存管理、进程调度等。

轻量级虚拟化：虚拟机表现为常规的 Linux 进程，减少了额外的资源开销。

多平台支持：支持运行多种操作系统作为客户机操作系统，包括但不限于各种版本的 Windows、Linux、FreeBSD 等。

动态资源调整：允许根据需求动态调整虚拟机的 CPU 内核数量、内存大小等资源。

存储管理：支持多种存储类型，包括本地存储、存储区域网（storage area network，SAN）、网络文件系统（network file system，NFS）等，并能创建快照、克隆虚拟磁盘。

网络虚拟化：提供虚拟网络接口，支持桥接、网络地址转换（network address translation，NAT）、虚拟局域网（virtual local area，VLAN）等多种网络配置，以及单根 I/O 虚拟化（single root I/O virtualization，SR-IOV）等高速直通技术。

I/O 优化：与 QEMU 配合，通过 Virtio 等技术加速 I/O 操作，提高虚拟机的 I/O 性能。

安全功能：集成 sVirt 等安全机制，增强虚拟机隔离和安全性。

热插拔支持：支持对虚拟硬件如 CPU、内存、存储设备的热添加和移除。

Live 迁移：能够在不停机的情况下将虚拟机从一台物理主机迁移到另一台物理机上，

保证业务的连续性。

高可用性与容错：与其他工具（如 Pacemaker、DRBD）集成，实现虚拟机的高可用集群配置。

这些功能共同构成了 KVM 强大的虚拟化平台，适用于从小型企业到大型数据中心的各种应用场景。

1.3.6 KVM 工具集

KVM 的功能强大且灵活，这在很大程度上得益于一系列配套工具的支持。这些工具为管理虚拟机提供了便利，包括创建、配置、监控和迁移等方面。以下是一些 KVM 核心工具。

Libvirt：一个开源的库，提供统一的 API 管理各种虚拟化平台，支持多种编程语言（如 Python、Ruby、Perl、PHP、Java）调用，使开发人员和系统管理员能够高效地与虚拟化层交互。

Virsh：一个基于 Libvirt 的命令行界面工具，用于管理虚拟机实例。通过 Virsh，系统管理员可以直接控制虚拟机的启动、停止、保存、迁移等操作，还可以配置网络、存储等资源。

virt-manager：一个基于 Libvirt 的图形界面工具，用于管理 KVM 虚拟机。它允许用户通过简单的图形界面完成虚拟机的创建、修改配置、监控状态，以及进行迁移等操作，特别适合那些偏好使用图形界面的用户。

virt-install：一个命令行工具，用于快速创建新的虚拟机。它使用 Libvirt API 来配置和部署虚拟机，支持多种安装源（如镜像文件、网络）和配置选项，非常适合自动化部署和脚本化管理。

virt-viewer：一个轻量级的虚拟机控制台查看器，允许用户直接连接虚拟机的图形界面。它专为性能和安全性设计，支持 SSL/TLS[1]加密等高级特性。

virt-clone：用于克隆虚拟机的命令行工具，能够快速创建现有虚拟机的完整副本，支持链接克隆和完整克隆。

virt-top：专门用于监控虚拟机的资源使用情况，如 CPU、内存等。

virt-rescue：提供一个救援环境来访问和修复无法正常启动的虚拟机。

virt-v2v：虚拟机格式迁移工具，用于将其他虚拟化平台的虚拟机转换为 KVM 虚拟机。

sVirt：一个安全框架，集成在 Libvirt 中，提供强制访问控制（mandatory access control，

1 SSL: secure socket layer，安全套接字层。TLS：transport layer security，传输层安全协议。

MAC）策略，增强虚拟机的安全隔离。

此外，还有一些其他的工具和配置文件，例如 Libvirt 的配置文件通常位于/etc/Libvirt/Libvirtd.conf 路径下，可以通过 virsh 命令行工具或 virt-manager 图形界面工具进行管理。这些工具共同构成了 KVM 虚拟化管理的生态系统，让 KVM 成为一个功能丰富、易用且安全的虚拟化解决方案，为用户提供了从简单到复杂的各种虚拟化管理功能。

1.3.7　QEMU-KVM

QEMU-KVM 是 KVM 虚拟化技术与 QEMU 的组合使用形式，旨在提供一个功能全面且高效的虚拟化解决方案。QEMU 本身是一个开源的机器模拟器和虚拟机监视器，能够模拟不同的硬件平台，支持多种架构的处理器。而 KVM 作为 Linux 内核的一个模块，利用硬件辅助虚拟化技术（如 Intel VT-x 或 AMD-V），使 Linux 成为一个第一类型（type-1）虚拟机监视器，直接在硬件上运行虚拟机，从而获得接近物理机的性能。

1．QEMU-KVM 的工作原理

硬件虚拟化加速：KVM 加载后，系统允许直接在物理 CPU 上运行经过修改的客户机操作系统内核。这减少了模拟的开销，提高了虚拟机的性能。

QEMU 的角色：在 KVM 环境下，QEMU 主要承担 I/O 处理和设备模拟的任务。对于那些没有硬件加速或者客户机操作系统不支持直接传递的设备（如硬盘、网络适配器），QEMU 会模拟这些设备，使得客户机操作系统能够识别并使用它们。

Virtio：为了进一步提升性能，QEMU 与 KVM 一起使用 Virtio，这是一种半虚拟化技术。Virtio 为虚拟设备提供了标准化的接口，使客户机操作系统知道它运行在虚拟化环境中，并能与宿主机高效地通信，减少 I/O 时延。

2．QEMU-KVM 的功能亮点

广泛的平台支持：QEMU 能够模拟多种 CPU 架构，使得在不同平台上运行多种操作系统成为可能。

动态设备插拔：允许在虚拟机运行时添加或移除虚拟硬件设备。

存储和网络虚拟化：支持多种存储后端（如 qcow2 镜像文件、LVM 卷等）和网络配置（桥接、NAT、直通等）。

快照与克隆：可以为虚拟机创建快照，方便回滚到之前的系统状态，或通过克隆快速复制整个虚拟机。

跨平台迁移：结合 Libvirt 等工具，支持虚拟机的实时迁移，无须中断虚拟机的服务。

3．QEMU-KVM 的应用场景

QEMU-KVM 因其高效、灵活和开源的特性，广泛应用于开发与测试环境，以及服务

器虚拟化、云计算平台、教学实验室等场景。通过结合强大的虚拟化能力和丰富的管理工具，QEMU-KVM成为构建现代数据中心和云基础设施的重要基石。

1.4 项目实践

1.4.1 下载和安装 VMware Workstation

1．下载 VMware Workstation

在浏览器上输入 VMware 官网网址，在图 1-8 所示 WMware 官网主页的检索框中输入 desktop-hypervisor，并按回车键。

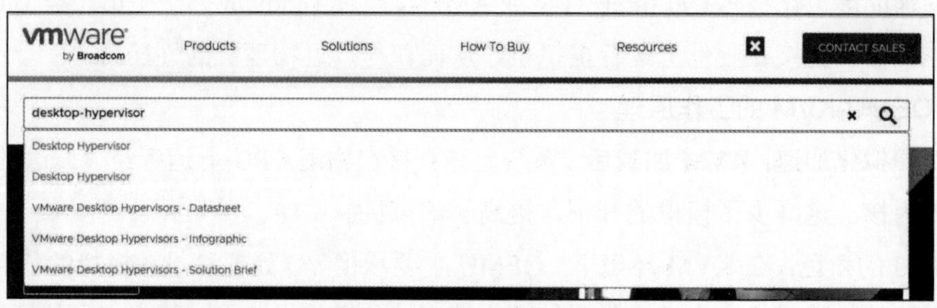

图 1-8 VMware 官网主页

在图 1-9 所示搜索详情页上单击“Products”，这时可以看到 VMware Workstation 的下载链接，单击第二个链接。

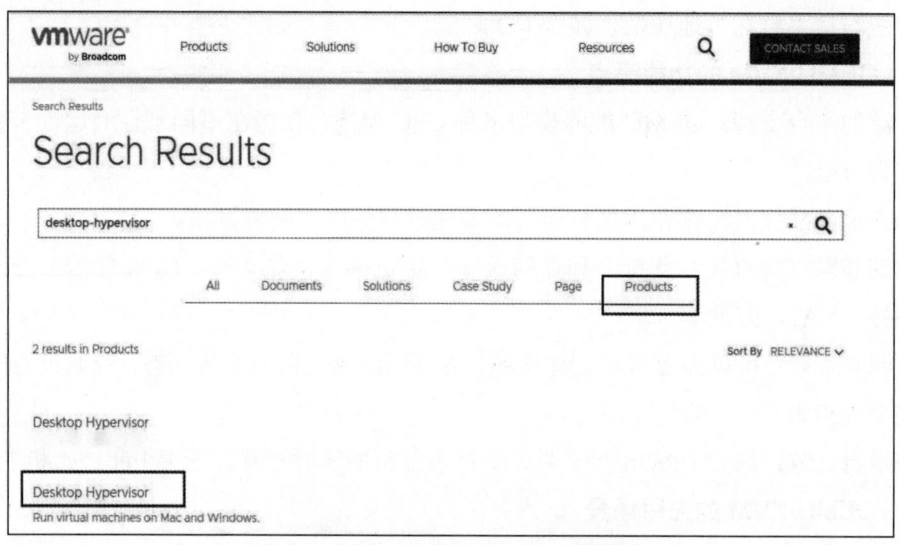

图 1-9 VMware Workstation 下载链接

这时跳转到图 1-10 所示下载页面，单击“VMware Workstation Pro for PC”选项下的“DOWNLOAD NOW”。

图 1-10 “VMware Workstation Pro for PC”下载页面

之后进入图 1-11 所示的 BROADCOM 注册登录页面。

图 1-11 BROADCOM 注册登录页面

若有账号，则在图 1-11 所示页面直接进行登录。若没有账户，则需根据提示，注册一个账户。注册或登录成功后，页面回到图 1-10 所示页面，再次单击“VMware Workstation Pro for PC”选项下的“DOWNLOAD NOW”。这时，页面跳转到 BROADCOM 的下载页面，在该页面的搜索框中输入 VMware Workstation Pro，并按回车键，得到了 VMware Workstation Pro 的下载页面，如图 1-12 所示。

单击图 1-12 所示页面的结果选项，进入 VMware Workstation Pro 版本选择页面，如图 1-13 所示。这里需要根据不同操作系统和版本选择相应的下载链接，我们选择 VMware workstation Pro 17.0 for Windows。之后进入图 1-14 所示页面，选择“17.5”版本进行下载。下载后的安装包如图 1-15 所示。

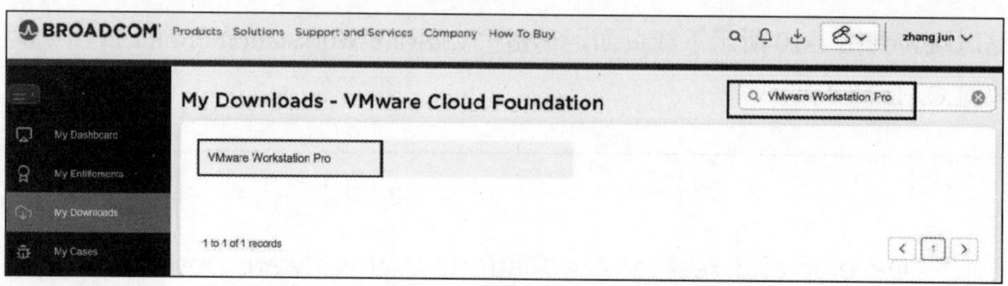

图 1-12　VMware Workstation Pro 下载页面

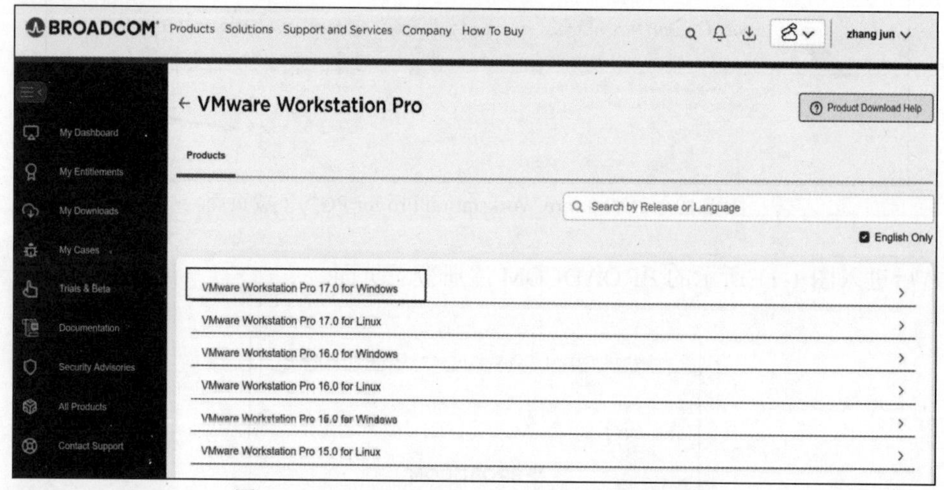

图 1-13　VMware Workstation Pro 版本选择页面

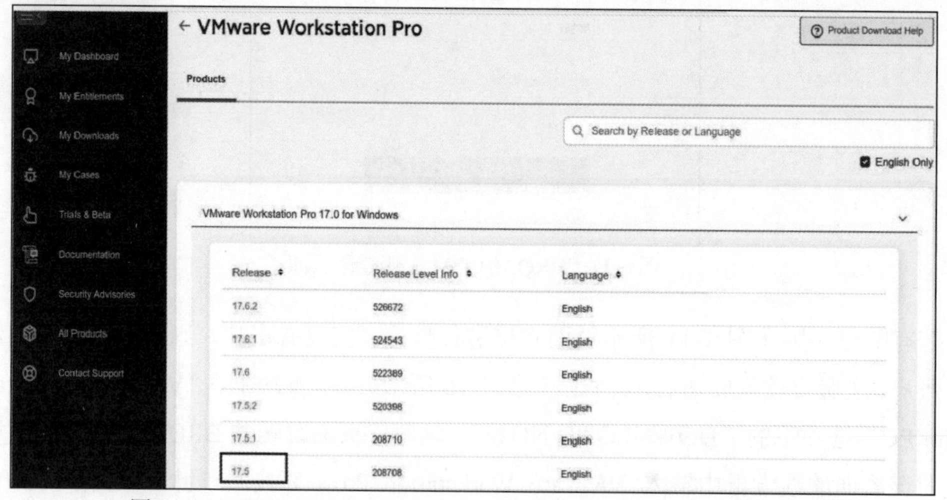

图 1-14　“VMware workstation Pro 17.0 for Windows”下载链接页面

VMware-workstation-full-17.5.0-22583795.exe	2024/9/3 20:40	应用程序	585,481 KB

图 1-15　VMware Workstation Pro 安装包

2．安装 VMware Workstation Pro

双击安装包开始安装。授予系统管理员权限后，在图 1-16 所示安装向导页面单击“下一步”。

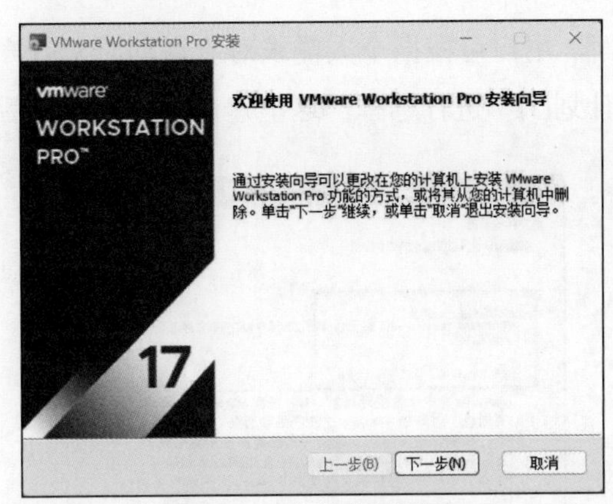

图 1-16　安装向导页面

在图 1-17 所示页面勾选“我接受许可协议中的条款”，并单击“下一步”。

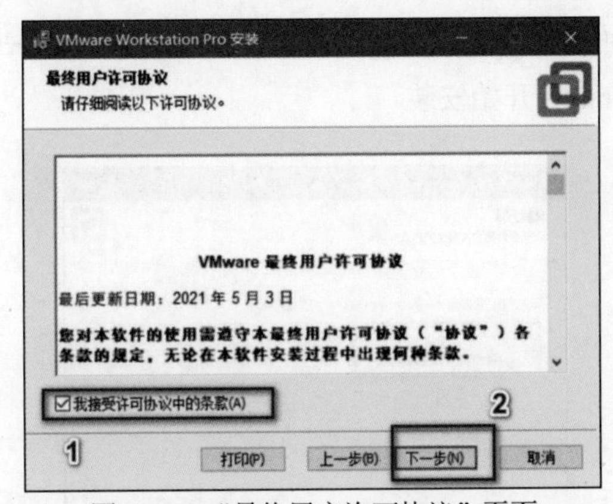

图 1-17　“最终用户许可协议”页面

在图 1-18 所示页面修改 VMware Workstation Pro 安装路径，这里建议不选择默认路径，而是选择 C 盘以外的系统盘。勾选“将 VMware Workstation 控制台工具添加到系统 PATH”，并单击“下一步”。

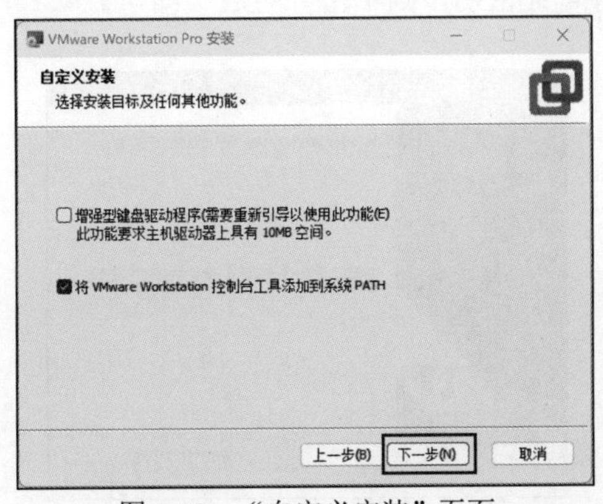

图 1-18　“自定义安装”页面

在图 1-19 所示页面，用户可根据个人需求对“启动时检查产品更新(C)”与“加入 VMware 客户体验提升计划(J)”进行选择，这里建议不勾选。之后，单击“下一步”。

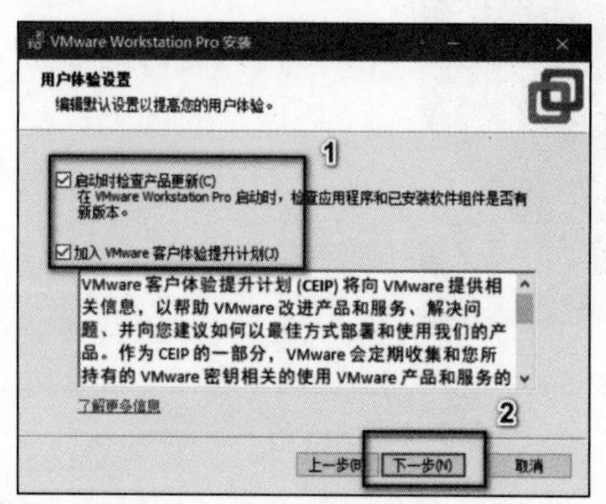

图 1-19　“用户体验设置”页面

在图 1-20 所示页面勾选“桌面(D)”与“开始菜单程序文件夹(S)”，单击“下一步”后，VMware Workstation Pro 开始安装。

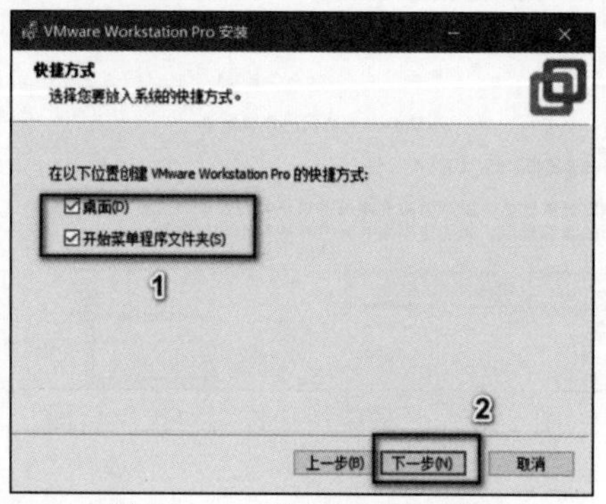

图 1-20　“快捷方式”页面

在图 1-21 所示页面，如果用户有许可证密钥，那么这里可以单击“许可证”，输入相关信息。如果读者没有许可证密钥，则单击“完成”即可。

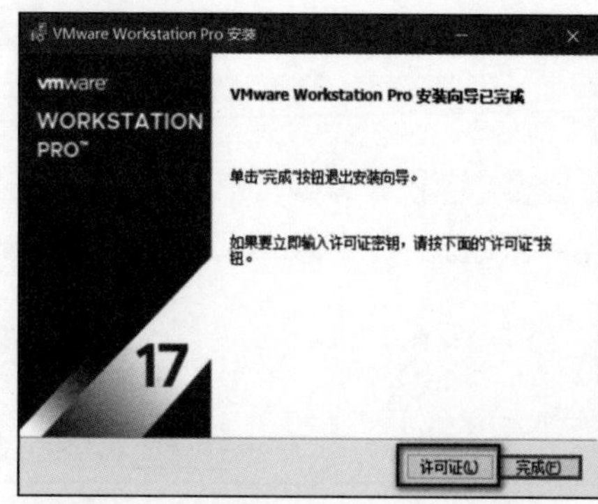

图 1-21　“安装向导已完成”页面

1.4.2　下载 Linux 镜像

CentOS 和 Ubuntu 都是常见的 Linux 操作系统，读者可以通过它们的官网或国内的阿里云官方镜像网站下载。

如果官网的访问速度较慢，读者也可进入阿里云官方镜像站，单击“OS 镜像”，如图 1-22 所示。

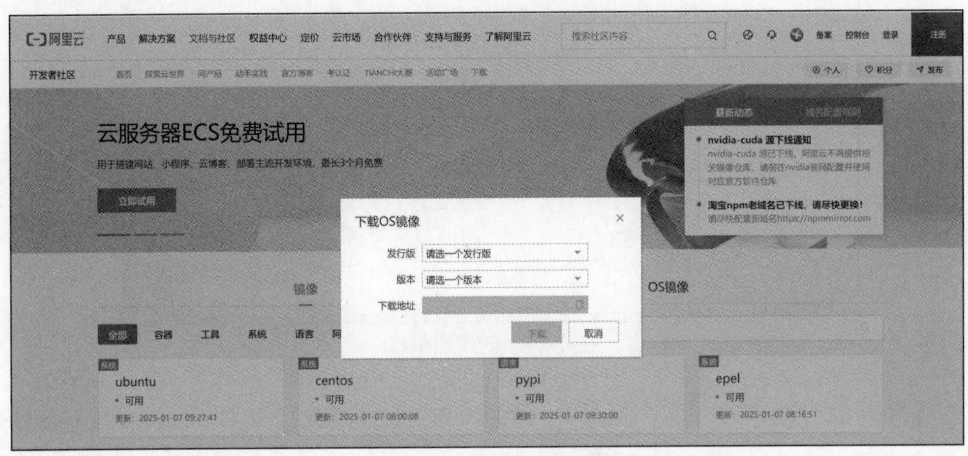

图 1-22　下载 OS 镜像

在弹出的下载框中，发行版选择“centos”，版本选择“7(x86_64-DVD-2207-02)”，下载地址会自动填入，单击“下载”按钮即可，如图 1-23 所示。

图 1-23　选择 OS 镜像版本

1.4.3 使用 VMware Workstation 部署 CentOS 虚拟机

双击桌面的“VMware Workstation”快捷方式，打开 VMware Workstation 软件，单击菜单栏的“文件”或者主页中的“创建新的虚拟机”来创建虚拟机，图 1-24 展示了后一种创建方式。

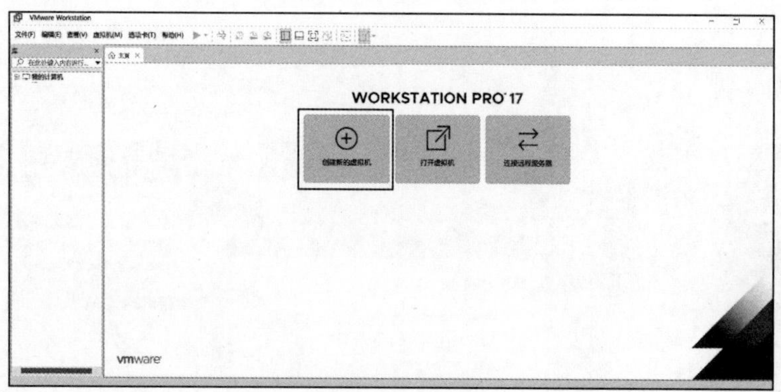

图 1-24 创建虚拟机

在弹出的“新建虚拟机向导”页面中，选择“自定义（高级）”选项，以便安装 CentOS 7，之后单击“下一步”，如图 1-25 所示。

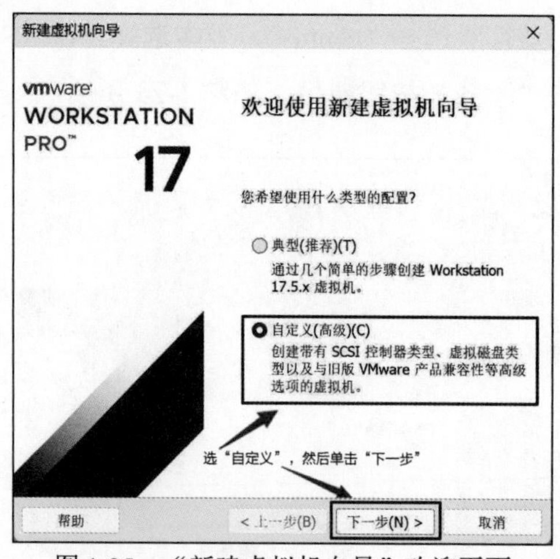

图 1-25 “新建虚拟机向导”欢迎页面

在“选择虚拟机硬件兼容性”页面直接单击“下一步”即可，如图 1-26 所示。

在“选择客户机操作系统”页面，客户机操作系统选择“Linux(L)”，版本根据实际计算机配置进行选择，如果计算机操作系统是 32 位，就选“CentOS 7 32 位”；如果计算机操作系统是 64 位，就选“CentOS 7 64 位”，之后单击“下一步”，如图 1-27 所示。

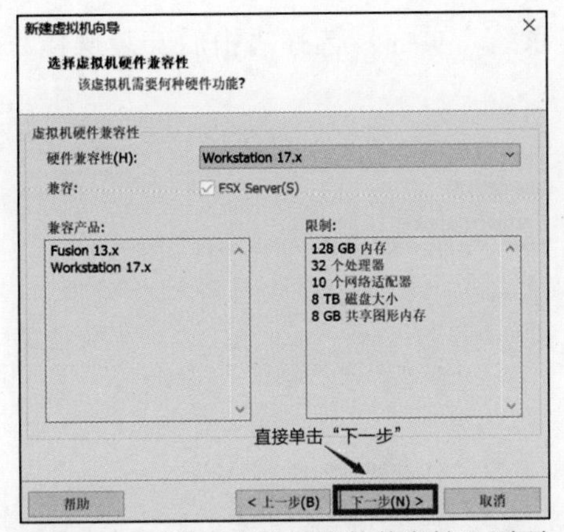

图 1-26 “选择虚拟机硬件兼容性”页面

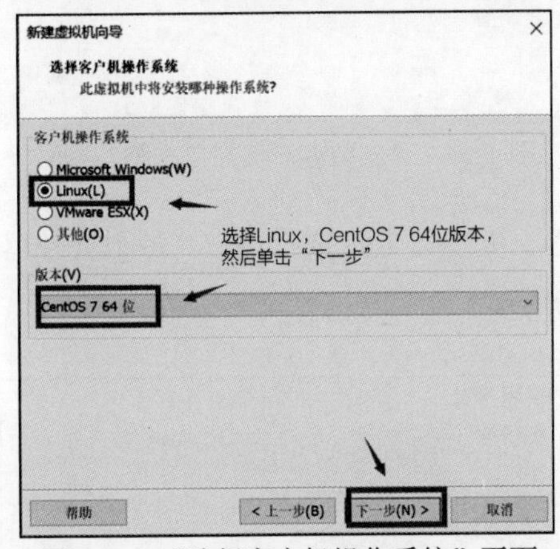

图 1-27 “选择客户机操作系统”页面

在“命名虚拟机”页面，设置虚拟机名称，选择安装位置。C 盘是系统安装盘，因此安装位置最好不选 C 盘，以免造成开机缓慢，影响运行效果。这里选择的是 D 盘，并单击“下一步”，如图 1-28 所示。

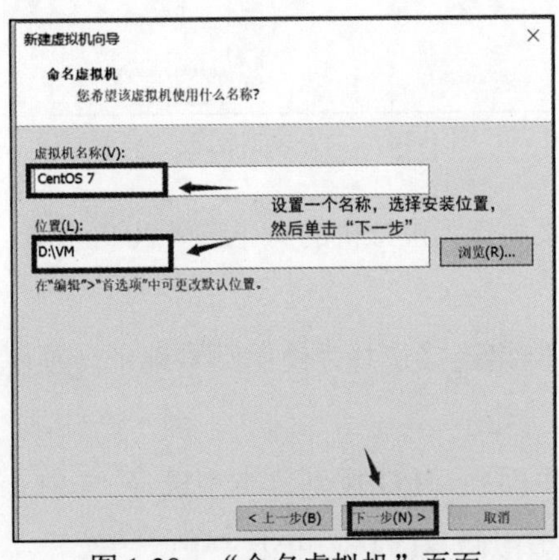

图 1-28 “命名虚拟机”页面

在“安装客户机操作系统”页面，选择“稍后安装操作系统(S)”，单击“下一步”，如图 1-29 所示。

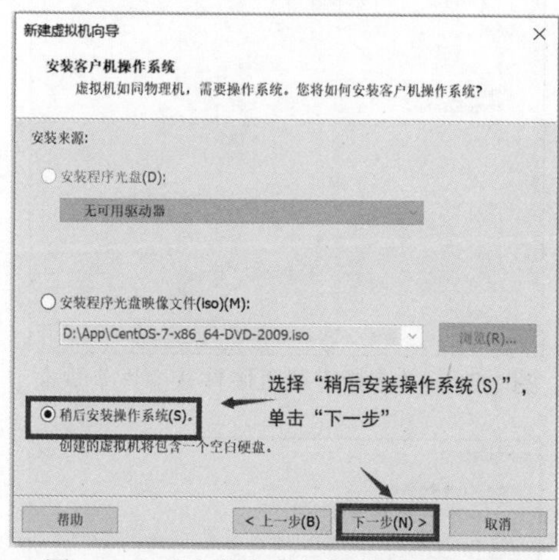

图 1-29　“安装客户机操作系统”页面

在“处理器配置”页面，处理器数量选择“1”，每个处理器的内核数量选择“2”，单击“下一步”，如图 1-30 所示。

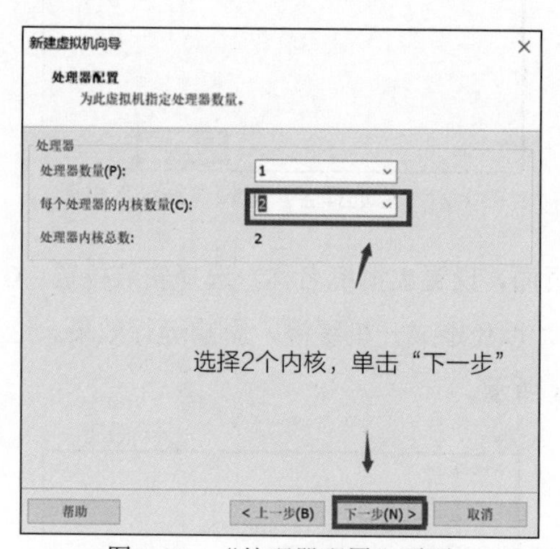

图 1-30　“处理器配置”页面

在“此虚拟机的内存”页面，此虚拟机的内存选择 2048 MB，单击“下一步”，如图 1-31 所示。

在“网络类型”页面，网络连接选择“使用网络地址转换(NAT)(E)”。单击“下一步”，如图 1-32 所示。

在图 1-33 所示的 2 个页面中，I/O 控制器类型选择“LSI Logic(L)(推荐)”，单击“下一步”；磁盘选择“创建新虚拟磁盘(V)”，单击“下一步”。

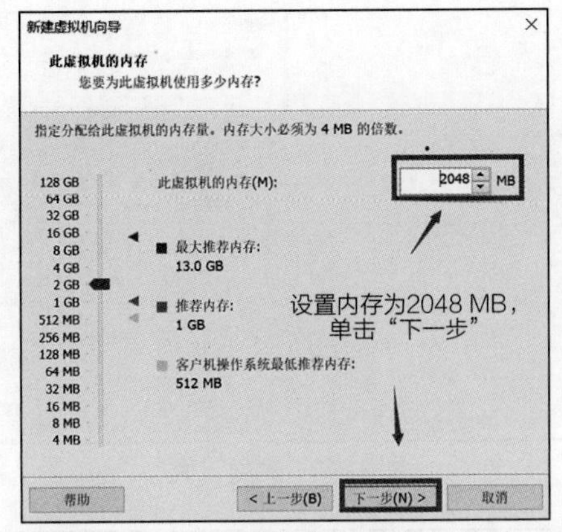

图 1-31 “此虚拟机的内存”页面

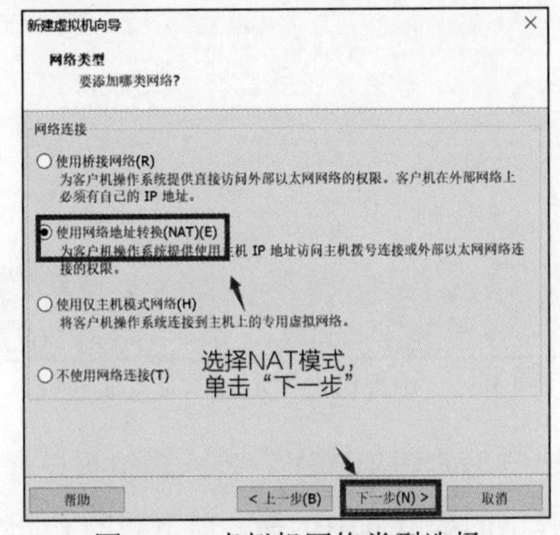

图 1-32 虚拟机网络类型选择

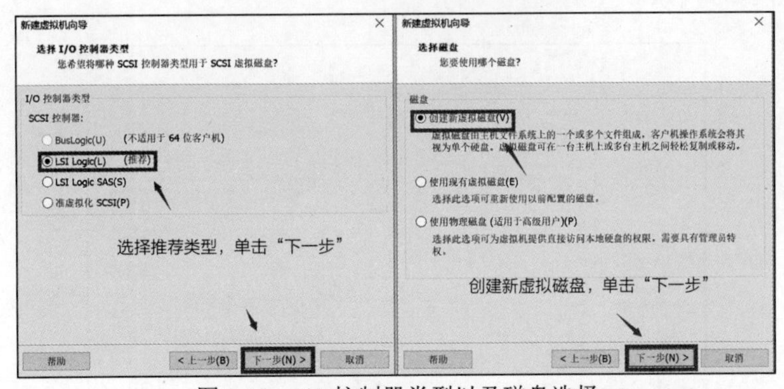

图 1-33 I/O 控制器类型以及磁盘选择

在图 1-34 所示 2 个页面中，虚拟磁盘类型选择“SCSI(S)”，单击“下一步”；最大磁盘大小设置为 20 GB，并选择“将虚拟磁盘拆分成多个文件(M)”，单击“下一步”。

在图 1-35 所示左侧页面中，根据之前设定的虚拟机名称，此时会自动生成名为 CentOS 7.vmdk 的虚拟机，此步骤无须任何设置，直接单击“下一步”。此时已经完成虚拟机的创建，在图 1-35 所示右侧页面直接单击“完成”即可。

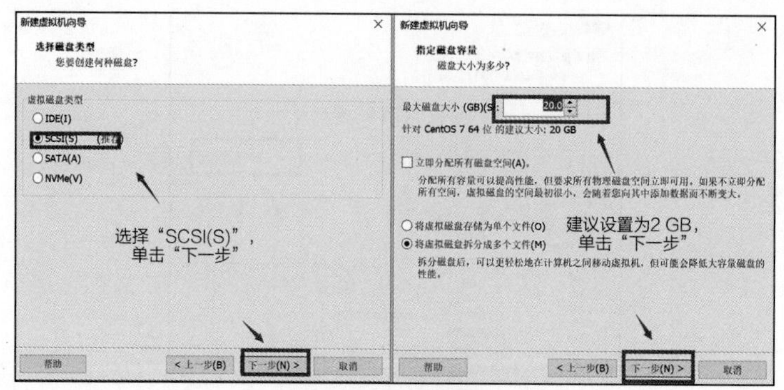

图 1-34　磁盘设置

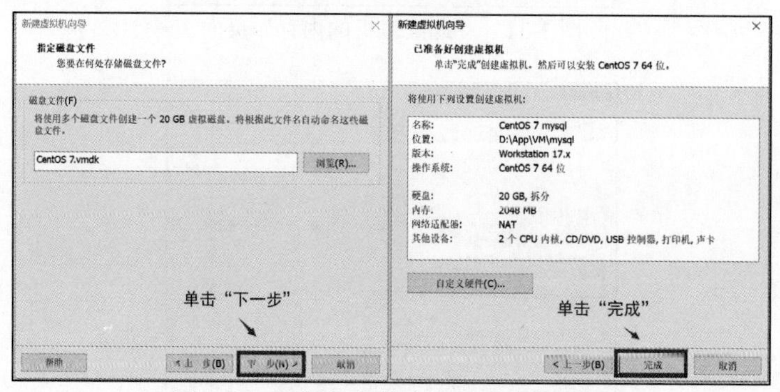

图 1-35　虚拟机文件生成以及安装完成

完成以上设置后，双击“CD/DVD(IDE)”，进入虚拟机设置。勾选“使用 ISO 映像文件(M)”，单击“浏览”，在弹出的提示框中选择之前下载的 CentOS 7 映像文件，然后单击“确定”，如图 1-36 所示。

图 1-36　虚拟机设置

开启刚刚配置的虚拟机，等待一段时间后进入语言选择页面。这里选择“中文”，以便安装过程中的语言全部是中文，之后单击“继续”。

在弹出的“安装信息摘要”页面，单击“软件选择”，这时会弹出图 1-37 所示页面，在该页面左侧选择“最小安装”，在右侧勾选“开发工具”（它会帮助下载一些常用开发工具），并单击“完成”。

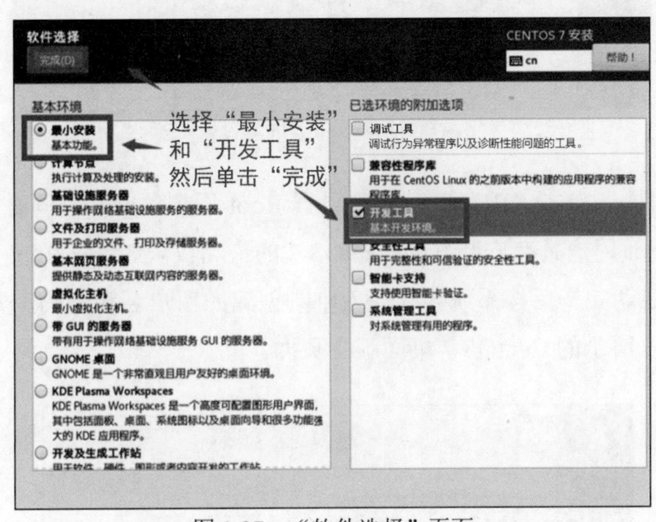

图 1-37　“软件选择”页面

依然在“安装信息摘要”页面单击“安装位置”进行设置，在图 1-38 所示页面选择“自动配置分区(U)”，单击“完成”。

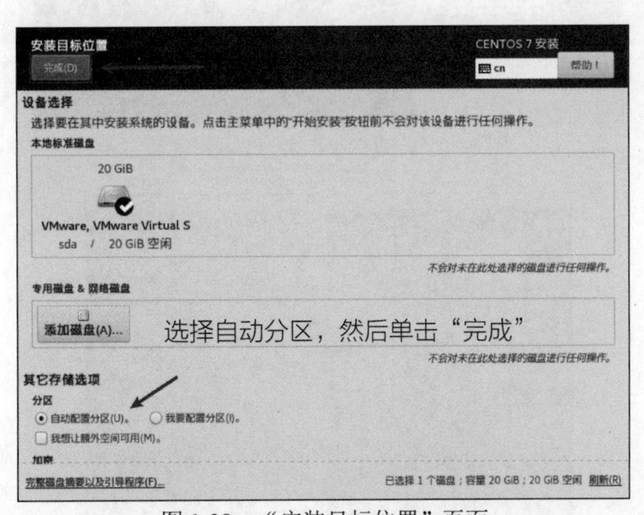

图 1-38　“安装目标位置”页面

仍然在“安装信息摘要”页面，单击“网络和主机名(N)”进行设置，在弹出的页面上打开以太网，单击“完成”，如图 1-39 所示。

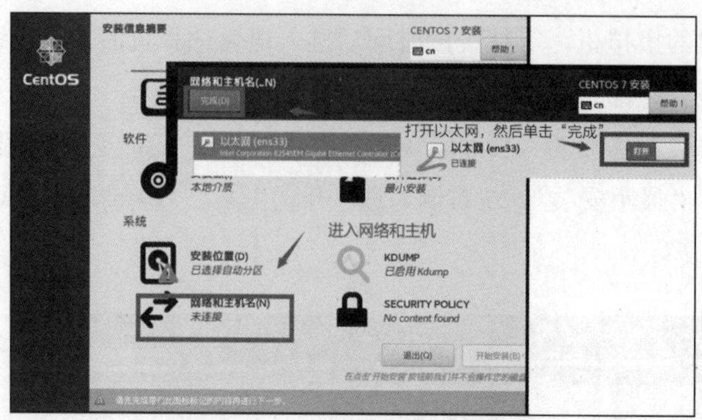

图 1-39　网络和主机名设置

在“配置”页面，单击“ROOT 密码”设置 Root 用户的密码，同时可根据实际需要创建普通用户。Root 用户具有安装好的 CentOS 7 的最高权限。完成 Root 用户密码设置后启动 CentOS 7，启动完毕后按系统要求输入刚刚创建的用户名和密码，如图 1-40 所示。之后，进入图 1-41 所示的 CentOS 7 桌面版主页面。

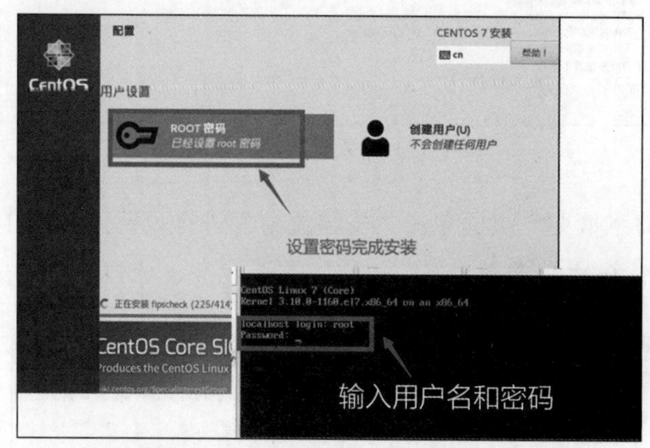

图 1-40　设置 Root 用户密码并登录

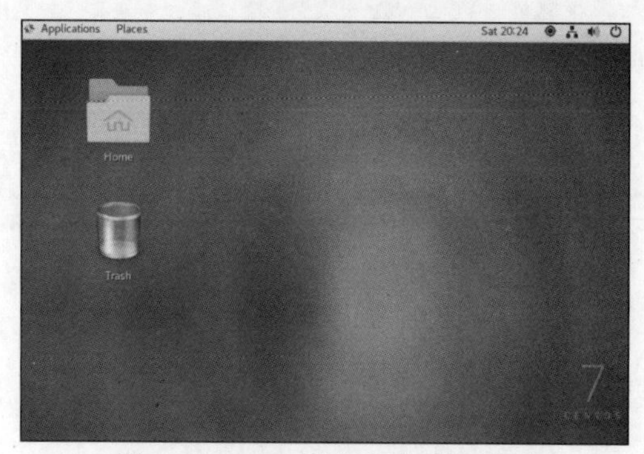

图 1-41　Root 用户登录后的界面

至此，使用 VMware Workstation 部署 CentOS 7 虚拟机已经完成，且配置完毕。

1.4.4 使用 VMware Workstation 部署 Ubuntu 虚拟机

本项目以在 VMware Workstation 上安装 Ubuntu 桌面版本为例，进行 Ubuntu 虚拟机的部署，具体步骤如下。

步骤 1：安装好虚拟机之后，在图 1-42 所示的 VMware Workstation 页面中，单击“编辑虚拟机设置”，配置虚拟机的虚拟光驱，选择“使用 ISO 映像文件(M)”，单击“浏览”选择 Ubuntu 安装包的 ISO 文件，如图 1-43 所示，之后启动虚拟机。

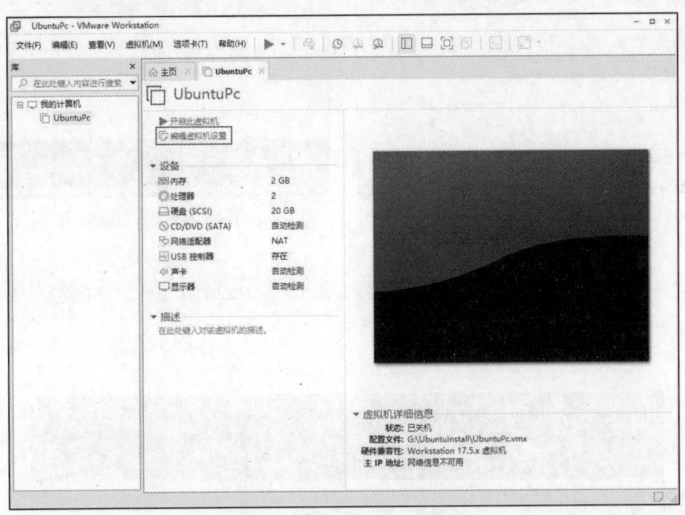

图 1-42 虚拟机安装完成页面

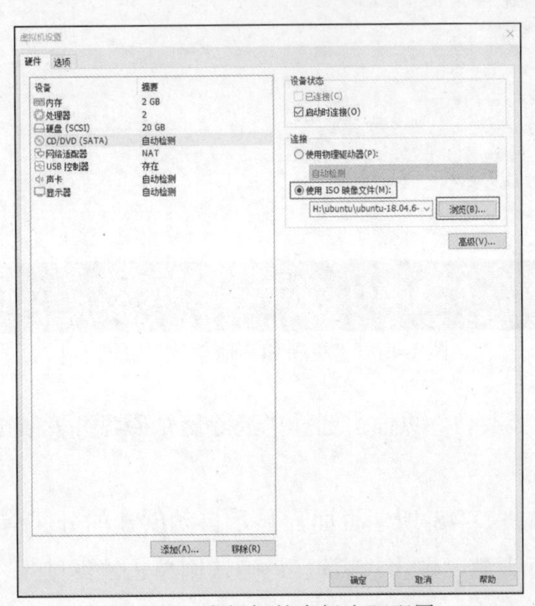

图 1-43 虚拟机的虚拟光驱配置

步骤 2：启动之后，安装程序首先检测硬盘，检测之后出现欢迎页面，如图 1-44 所示。此时，在页面左侧的语言列表中选择安装语言为“中文（简体）”。

步骤 3：单击“启动 Ubuntu”，进入“键盘布局”页面，均选择“汉语”选项，单击“继续”按钮，如图 1-45 所示。

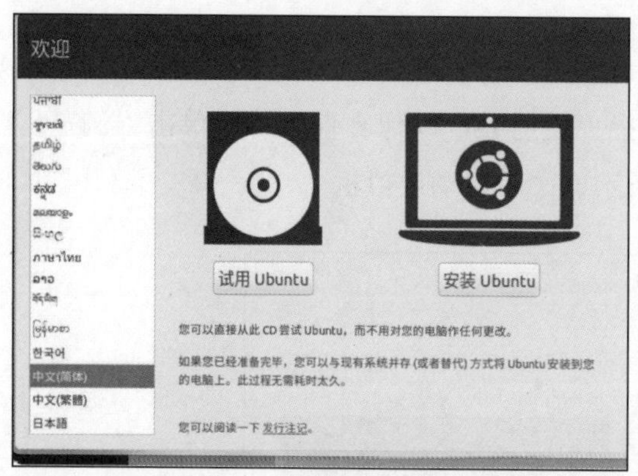

图 1-44 “欢迎”页面

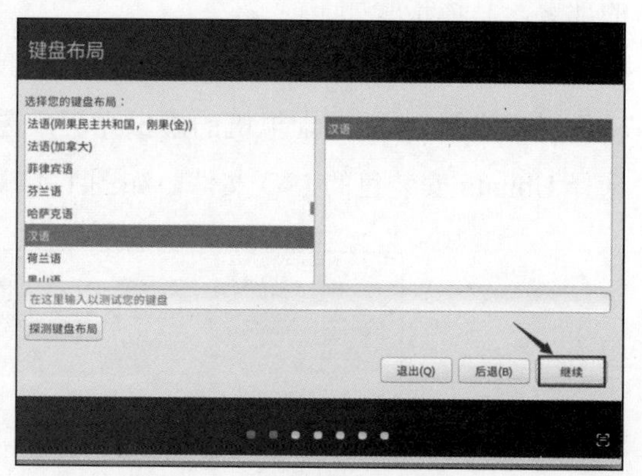

图 1-45 “键盘布局”页面

步骤 4：进入“更新和其他软件”页面，选择“正常安装”，勾选“安装 Ubuntu 时下载更新”，单击“继续”按钮，如图 1-46 所示。

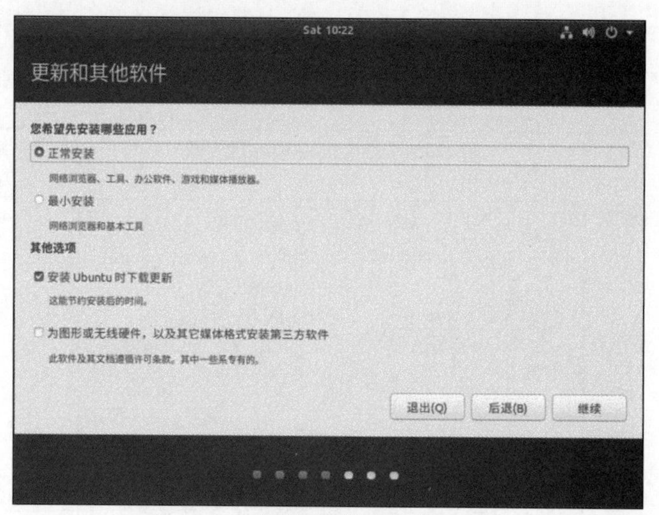

图 1-46 “更新和其他软件”页面

步骤 5：进入“安装类型”页面，选择“清除整个磁盘并安装 Ubuntu”，单击“现在安装”，如图 1-47 所示。

步骤 6：此时出现图 1-48 所示页面，显示自动创建的分区信息，并提示是否将改动写入磁盘。若要自行调整，单击“后退”；确认则单击“继续”，此操作会将改动写入磁盘。

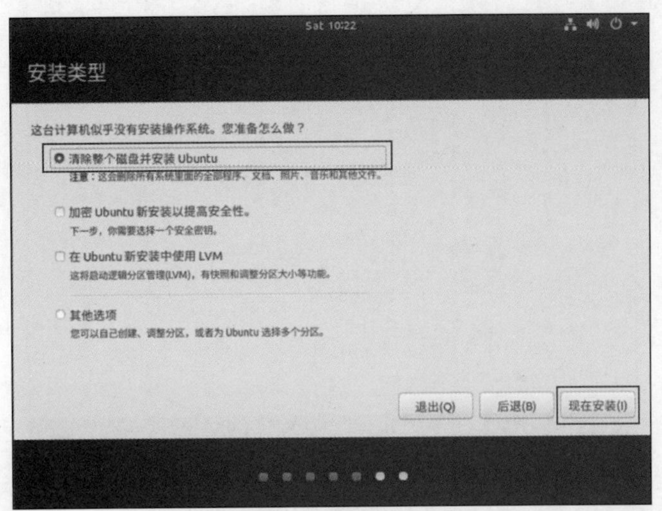

图 1-47 “安装类型”页面

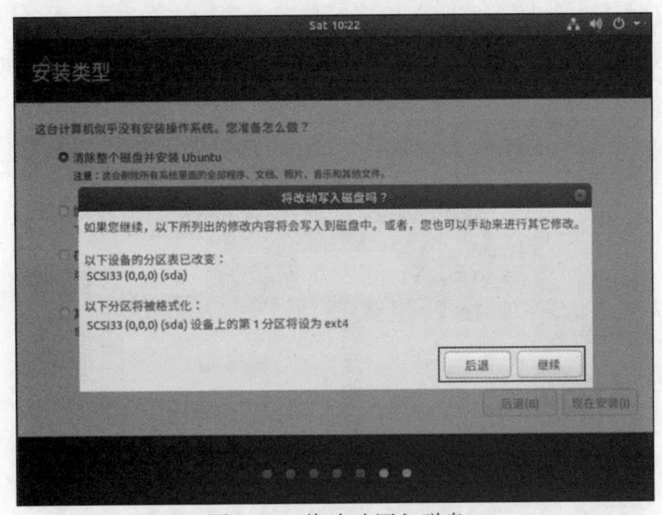

图 1-48 将改动写入磁盘

步骤 7：进入“您在什么地方？”页面，选择所在时区，默认为“Shanghai”，单击“继续”。

步骤 8：此时出现图 1-49 所示页面，输入想要的个人姓名、计算机名、用户名和密码，选择默认的“登录时需要密码”登录方式，并单击“继续”，进入安装阶段。在安装过程中需要在线下载软件包，因此计算机需要保持网络畅通。

步骤 9：安装完成后，重启计算机。重启后出现登录页面，单击用户名出现相应的登录页面，输入密码，即可登录 Ubuntu 桌面版。

步骤 10：使用活动概览视图。

在 Ubuntu 中使用 GNOME 桌面环境时，活动概览视图是一个非常有用的功能。它允许快速地搜索和启动应用程序、查看最近的文件、访问设置或在不同的工作区之间切换。

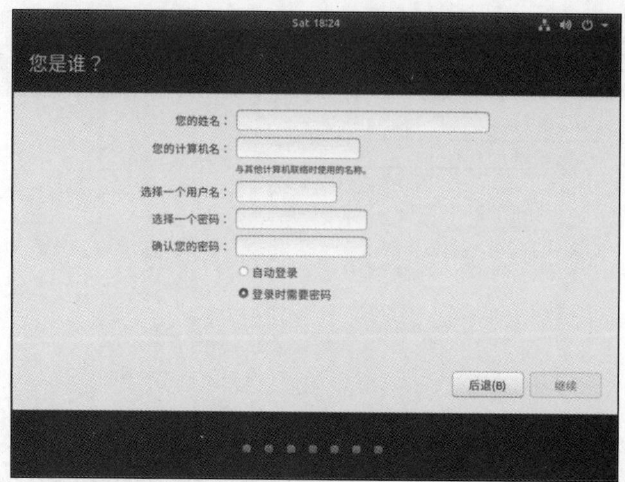

图 1-49　计算机名及用户名的设置

Ubuntu 默认处于普通视图，此时，单击屏幕左上角的“活动”，就可以切换到活动概览视图页面，也可以通过快捷键（通常是键盘上的 Win 键）快速打开页面，如图 1-50 所示。

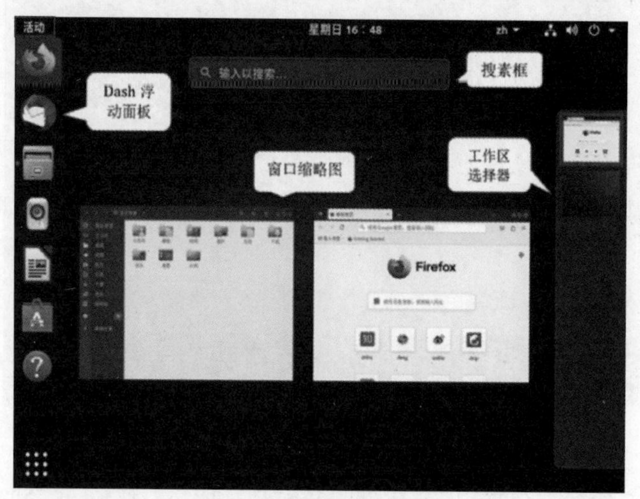

图 1-50　活动概览视图

活动概览视图显示了当前工作区中所有窗口的实时缩略图，其中只有一个窗口处于活动状态，每一个窗口代表一个正在运行的应用程序。

在活动概览视图中，我们可以看到位于屏幕顶部的搜索框。在搜索框中输入关键字即可搜索应用程序、设置项、文件等。随着文字的输入，相关结果将实时显示在屏幕下方。

Dash 浮动面板位于左侧，列出已安装的应用程序。这些应用程序是按照最近使用频率或名称的字母顺序排列的，读者可以通过滚动来查看更多应用程序。单击其中的图标，可以打开对应的应用程序。对于运行中的应用程序，相应图标的左侧会显示一个红点标识。同时，读者可以将图标拖动到其他任一工作区。

在活动概览视图页面内，单击搜索框、应用程序网格或工作区缩略图以外的任意位置即可关闭活动概览视图，并返回到之前的桌面状态。按快捷键也可以关闭活动概览视图。

1.4.5 使用 PuTTY 连接 Ubuntu

在 Windows 计算机（即部署了 Windows 操作系统的计算机）中，用户可以通过终端仿真应用程序登录 Ubuntu 虚拟机。此类应用程序常见的有 PuTTY、SecureCRT 等，它们一般都支持 SSH 和 Telnet 协议。下面以 PuTTY 为例，介绍如何从 Windows 计算机连接到 Ubuntu 虚拟机终端。

在 Ubuntu 虚拟机上安装 SSH 服务器，打开终端，执行以下命令，根据提示完成安装。

```
sudo apt install openssh-server
```

执行以下命令，检查 SSH 服务器的状态。如果没有启动，则需要执行 systemctl start sshd 启动。

```
sudo ufw allow ssh
```

在 Windows 计算机中下载 PuTTY 安装包，安装 PuTTY 并启动。

启动之后，在图 1-51 所示页面中，单击左侧目录树中的“Session”节点（启动时默认显示该页面），在“Host Name(or IP address)”文本框中输入 Ubuntu 虚拟机的 IP 地址，然后单击“Open”按钮开始连接，首次连接会弹出一个警告框，提示是否要信任该目标主机，接受即可。此时会出现 Ubuntu 虚拟机的登录页面，输入用户名和密码即可登录成功。执行 logout 或 exit 命令可退出登录。

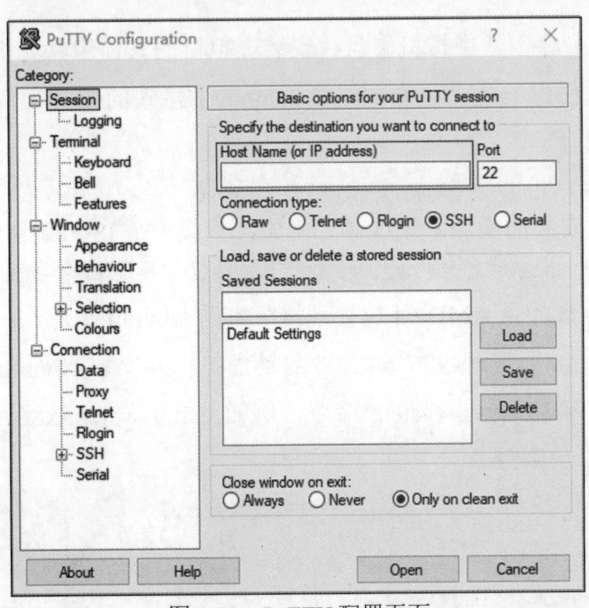

图 1-51 PuTTY 配置页面

1.4.6 搭建 QEMU-KVM 虚拟化环境

搭建 QEMU-KVM 虚拟化环境的具体步骤如下，以 Ubuntu 为使用环境。

步骤 1：更新软件包列表，代码如下。

```
sudo apt-get update
```

步骤 2：升级系统软件，代码如下。

```
sudo apt-get upgrade -y
```

步骤 3：安装 QEMU-KVM 软件包，代码如下。

```
sudo apt-get install qemu-kvm  bridge-utilsvirt-manager Libvirt-clients
virtinstLibvirt-daemon-system -y
```

步骤 4：服务启动，代码如下。

```
sudo service Libvirtd start
```

步骤 5：验证，代码如下。

```
kvm -version
```

若出现图 1-52 所示内容，则表示 QEMU-KVM 虚拟化环境搭建成功。

```
QEMU emulator version 4.2.1 (Debian 1:4.2-3ubuntu6.29)
Copyright (c) 2003-2019 Fabrice Bellard and the QEMU Project developers
```

图 1-52　版本信息

1.4.7 使用 qemu-img 命令创建虚拟机硬盘并安装 Ubuntu 虚拟机

使用 qemu-img 命令创建虚拟机硬盘并安装虚拟机的具体步骤如下。

步骤 1：这里以创建一个大小为 20 GB 的 qcow2 格式的硬盘为例，创建一个虚拟硬盘镜像文件，代码如下。

```
qemu-img create -f qcow2 vm_disk.qcow2 20GB
```

步骤 2：下载要安装的操作系统镜像。例如，下载一个 ISO 镜像文件，代码如下。

```
http://10.90.3.2/LMS/CCHUP/02.VT/ubuntu-18.04.6-server-amd64.iso # 内部网址
```

请注意，这里下载的是 AMD 64 位处理器版本的 Ubuntu 镜像。

步骤 3：使用 qemu-system-x86_64 命令启动虚拟机并安装 Ubuntu 虚拟机，这里需要根据硬件架构选择正确的 qemu-system 命令，例如 qemu-system-x86_64 或 qemu-system-aarch64。以下是一个示例命令。

```
qemu-system-x86_64 \
-m 2048 \
-smp 2 \
-hda ubuntu18-server.img \
```

```
-cdrom ubuntu-18.04.6-server-amd64.iso \
-boot order=cd
```

这个命令做了以下几件事。

- -m 2048：分配 2 GB 内存给虚拟机。
- -hda ubuntu18-server.img：指定之前创建的虚拟硬盘作为主磁盘。
- -cdrom ubuntu-18.04.6-server-amd64.iso：将 ISO 镜像作为光驱设备。
- -boot order=cd：设置从光驱启动。

步骤 4：执行上述命令后，虚拟机将会启动，并从 ISO 镜像开始安装操作系统。按照屏幕提示进行操作系统的安装过程，包括选择语言、设置分区、输入用户信息等。

步骤 5：安装完成后，重启虚拟机，从硬盘启动（即去掉-cdrom 参数），代码如下。

```
qemu-system-x86_64 \
-m 2048 \
-smp 2 \
-hda ubuntu18-server.img \
-boot order=cd
```

课后练习

1. 简述 KVM 的工作原理，并描述 KVM 的组成部分。

2. 假设计算机已经安装了 KVM 和 QEMU，并且 CPU 支持硬件虚拟化，请列出创建并启动一个基于 Ubuntu Server 的虚拟机的步骤，并解释每个步骤的目的。

项目二 使用 Libvirt 创建和管理虚拟机

虚拟化技术正在彻底改变我们对 IT 资源的管理和使用方式。随着企业对灵活性、可扩展性和成本效益的需求不断增长，掌握虚拟化技术已成为 IT 专业人员的关键技能。Libvirt 作为一个强大的开源虚拟化管理库，提供了一套完整的工具和 API，使得管理虚拟化环境变得更加高效和直观。

本项目旨在深入探索 Libvirt 的强大功能，其中包括 API、守护进程，以及命令行工具 virsh 的使用方法，让读者能够熟练地创建和管理虚拟机。通过本项目的学习和实践，读者将能够理解 Libvirt 的核心概念，掌握其主要组件，并学会如何利用 Libvirt 进行虚拟机的高效管理。

2.1 学习目标

1．掌握 Libvirt 的基本概念和主要组件的使用方法。

2．理解 Libvirt API、Libvirtd 守护进程，以及 virsh 命令行工具的作用。

3．学会使用 virsh 创建、修改、删除、迁移虚拟机，以及对虚拟机进行备份。

2.2 项目描述

使用 Libvirt 工具和 API 创建和管理虚拟机，实现虚拟机的高效管理，具体如下。

1．安装 Libvirt 软件包和相关依赖项。

2．使用 virt-install 命令创建虚拟机。

3．使用 virsh 命令管理虚拟机的生命周期，其中包括定义、启动、停止等内容。

2.3 相关知识

2.3.1 Libvirt 简介

Libvirt 是一个开源的虚拟化管理库，提供统一的 API 管理各种类型的虚拟化平台，包括但不限于 KVM、Xen、VMware ESXi、Hyper-V、LXC 等。它不仅是一个库，还附带了一系列管理工具，如 virsh 命令行工具和 virt-manager 图形界面管理工具，极大地简化了虚拟机的生命周期管理，其中包括创建、修改、删除、迁移、备份等操作。

1．主要特性

统一的 API：提供统一的 API 管理不同的虚拟化平台，简化了跨平台虚拟化管理的复杂性。

多语言支持：它的 API 支持多种编程语言，包括 C、Python、Ruby、Perl、Java 等，方便开发人员使用。

管理工具：提供一系列命令行工具和图形界面工具（如 virsh 和 virt-manager）用于管理虚拟机。

跨平台支持：支持多种虚拟化后端，使管理基于不同虚拟化技术的虚拟机变得统一和简便。

资源管理：提供丰富的 API 和工具来管理虚拟机的 CPU、内存、存储和网络资源。

网络管理：支持定义和管理复杂的虚拟网络拓扑，包括桥接、NAT、路由、VLAN 等。

存储管理：可以管理多种存储池和卷类型，包括本地文件系统、LVM、互联网小型计算机系统接口（Internet small computer system interface，iSCSI）、NFS 等。

安全模型：拥有强大的安全策略框架，允许细粒度地控制对虚拟机和网络资源的访问。

迁移支持：支持在线迁移虚拟机，在不停机的情况下将虚拟机从一台物理主机移动到另一台物理主机上。

集群管理：可以配合其他工具（如 Pacemaker）实现虚拟机的高可用性和负载均衡。

快照和克隆：可以为虚拟机创建快照，还可以克隆虚拟机来快速复制环境。

2．常用工具

virsh：命令行工具，用于直接与 Libvirt 进行交互，执行创建、删除、启动、关闭虚拟机等操作。

virt-manager：图形界面工具，为用户提供了一个直观的方式来查看和管理虚拟机及其资源。

virt-install：命令行工具，用于自动化创建新的虚拟机实例。

virt-viewer：一个轻量级的工具，仅用于查看和连接虚拟机的图形界面。

3．应用场景

Libvirt 广泛应用于数据中心管理、云平台建设、开发测试环境搭建、VDI 等场景，是许多云平台底层虚拟化管理的重要组成部分。通过 Libvirt，系统管理员可以高效、集中地管理大量虚拟机及其资源，提升运维效率。

2.3.2 Libvirt 框架

下面介绍 Libvirt 框架的主要组成部分及其功能。

1．Libvirt API

Libvirt API 是 Libvirt 的核心，是一套采用 C 语言编写的 API，允许以编程方式访问虚拟化平台的相关功能。API 覆盖了虚拟机生命周期管理（创建、启动、停止、迁移）、存储和网络管理等。Libvirt API 采用跨平台设计，支持多种虚拟化后端，确保了代码的可移植性和一致性。

2．Libvirtd

Libvirtd 是一个后台服务（daemon）进程，监听客户机请求并通过 Libvirt API 执行实际操作，管理虚拟机的状态，执行任务调度，并与其他系统服务（如 udev、SELinux）交互，以确保安全和兼容性。Libvirtd 还负责连接不同的虚拟机监视器（如 KVM、Xen），并对这些虚拟机进行管理。

3．virsh

virsh 是一个命令行工具，为系统管理员提供了直接与 Libvirtd 交互的方式，可对虚拟机执行列出、启动、停止等操作，并管理网络和存储资源等。它利用 Libvirt API，不需要编写代码即可执行大部分管理任务。

4．virt-manager 和 virt-viewer

virt-manager 是一个图形用户界面工具，提供更加直观的虚拟机管理方式。用户可以使用它进行虚拟机的创建、配置、监控和控制，其中包括存储和网络配置。

virt-viewer 则是一个轻量级应用，专用于连接并显示虚拟机的图形界面，适用于那些只需要远程桌面访问而不需要复杂管理功能的场景。

5．存储和网络管理

Libvirt 提供了一套管理存储和网络资源的机制。对于存储，它可以管理本地文件系统、LVM 逻辑卷、iSCSI 目标、NFS 共享等多种存储池，并支持创建和管理存储卷。在网络方面，Libvirt 支持定义和配置虚拟网络，如内部网络、NAT 网络、桥接网络等，以及复杂的网络过滤规则。

6．安全和认证

Libvirt 设计了安全模型，支持 TLS 加密通信和认证，以及通过 SELinux、AppArmor 等机制强化虚拟机的安全隔离。此外，它也允许配置访问策略，控制哪些用户或应用程序可以执行哪些操作。

7．Libvirt 驱动程序

为了支持不同的虚拟化平台和技术，Libvirt 采用模块化设计，通过驱动程序来适配不同的虚拟机监视器。每个虚拟机监视器都有对应的驱动，如 QEMU/KVM 驱动、Xen 驱动等，这使得 Libvirt 能够保持高度的灵活性和扩展性。

综上所述，Libvirt 提供了一个强大而灵活的基础架构，使得开发人员和系统管理员能够高效、安全地管理各种虚拟化环境。

2.3.3 网桥

网桥在计算机网络中是一种工作在数据链路层的设备，它的主要功能是连接两个或多个网络段，实现这些网络段之间的数据帧转发。网桥基于 MAC 地址学习，通过分析数据帧中的源 MAC 地址和目的 MAC 地址，构建并维护一个 MAC 地址表，据此来决定数据帧应该转发到哪个网络段中。

在虚拟化环境中，如使用 Libvirt 管理的 KVM 虚拟机时，网桥扮演着尤为重要的角色。通常，Libvirt 会使用一个或多个虚拟网桥来连接虚拟机和物理网络，或者创建私有网络。最典型的例子是 virbr0，这是一个由 Libvirt 自动创建的 NAT 虚拟网桥，其作用是让虚拟机能够访问外部网络，同时也保护宿主机免受来自虚拟机网络的直接访问。

1．虚拟网桥的工作方式

NAT 模式：在该模式下，虚拟机通过虚拟网桥连接到一个由 Libvirt 管理的私有网络中，这个网络对外部世界来说是隔离的。Libvirt 使用目的网络地址转换（destination network address translation，DNAT）和源网络地址转换（source network address translation，SNAT）技术，让虚拟机能够共享宿主机的网络连接，从而访问互联网。

桥接模式：在该模式下，虚拟机直接桥接到宿主机的一个物理网络接口上。虚拟机在物理网络中表现为独立的节点，拥有与宿主机同等级别的网络访问权限。这种模式下，虚拟机的网络性能较好，但需要物理网络有足够多的 IP 地址，以分配给每台虚拟机。

内部网络：Libvirt 也支持创建完全内部的网络，只允许虚拟机之间通信，与外部网络隔离。

2．配置与管理

创建与删除网桥：Libvirt 提供的工具，如 virsh 命令行或 virt-manager 图形界面可以创建、修改和删除虚拟网桥。

网络配置文件：Libvirt 使用 XML 格式的网络配置文件来定义虚拟网络的属性，其中包括网桥名称、IP 地址范围、DHCP 服务、NAT 规则等。

手动配置：虽然 Libvirt 可以自动管理虚拟网桥，但在某些情况下，系统管理员可能需要手动调整网桥设置，如使用 brctl 命令管理网桥或编辑网络脚本。

总体来说，网桥在虚拟化环境中起到了连接虚拟机与物理网络的桥梁作用，是实现虚拟机网络隔离、访问控制和高效通信的关键组件。

2.4 项目实践

2.4.1 使用 virt-install 命令创建虚拟机

使用 virt-install 命令创建虚拟机的具体步骤如下。

步骤 1：更新软件包列表，代码如下。

```
sudo apt-get update
```

步骤 2：升级系统软件，代码如下。

```
sudo apt-get upgrade -y
```

步骤 3：安装 QEMU-KVM 软件包，代码如下。

```
sudo apt-get install qemu-kvm bridge-utils virt-manager Libvirt-clients
virtinst Libvirt-daemon-system virt-install -y
```

步骤 4：启动服务，代码如下。

```
sudo service Libvirtd start
```

步骤 5：启动验证服务，代码如下。

```
sudo service Libvirtd status
```

步骤 6：下载操作系统镜像（内部网址），代码如下。

```
wget http://10.90.3.2/LMS/CCHUP/02.VT/ubuntu-18.04.6-server-amd64.iso
```

步骤 7：使用 virt-install 创建虚拟机，代码如下。

```
virt-install \
     --name ubuntu-vm \
     --ram 2048 \
     --disk /opt/ubuntu-img.qcow2,size=10 \
     --vCPUs 2 \
```

```
    --os-type linux \
    --os-variant ubuntu20.04 \
    --cdrom ubuntu-18.04.6-server-amd64.iso \
    --network bridge=virbr0 \
    --graphics vnc,password=123,port=5900,listen=0.0.0.0
```

2.4.2 使用 virsh 命令创建和管理虚拟机

使用 virsh 命令创建和管理虚拟机的具体步骤如下。

步骤 1：下载操作系统（内部网址），代码如下。

```
wget http://10.90.3.2/LMS/CCHUP/02.VT/ubuntu-18.04.6-server-amd64.iso
```

步骤 2: 创建虚拟机硬盘，代码如下。

```
qemu-img create -f qcow2 ubuntu18-server.img 20G
```

步骤 3：创建配置文件，代码如下。

```
vimyvm.xml
```

配置文件内容，代码如下。

```
<domain type='kvm'>
  <name>ubuntu-vm</name>
  <uuid>generate</uuid>
  <memory unit='KiB'>2097152</memory><!-- 2GB RAM -->
  <vCPU placement='static'>2</vCPU><!-- 2 vCPUs -->
  <os>
    <type arch='x86_64' machine='pc'>hvm</type>
    <boot dev='cdrom'/>
  </os>
  <features>
    <acpi/>
    <apic/>
    <pae/>
  </features>
  <on_poweroff>destroy</on_poweroff>
  <on_reboot>restart</on_reboot>
  <on_crash>destroy</on_crash>
  <devices>
    <emulator>/usr/bin/qemu-system-x86_64</emulator>
    <disk type='file' device='disk'>
      <driver name='qemu' type='qcow2'/>
      <source file='/home/ubuntu/Desktop/ubuntu18-server.img'/>
      <target dev='hda' bus='ide'/>
    </disk>
 <disk type='file' device='cdrom'>
       <source file='/home/ubuntu/Desktop/ubuntu-18.04.6-server-amd64.iso'/>
<!--光盘镜像路径-->
        <target dev='hdb' bus='ide'/>
       </disk>
```

```
    <interface type='network'>
      <source network='default'/>
      <model type='virtio'/>
    </interface>
    <graphics type='vnc' port='-1' listen='0.0.0.0' keymap='en-us'/>
  </devices>
</domain>
```

步骤 4：定义虚拟机，代码如下。

```
virsh define myvm.xml
```

步骤 5：启动虚拟机，代码如下。

```
virsh start ubuntu-vm
```

步骤 6：查看虚拟机状态，代码如下。

```
virsh list
```

步骤 7：暂停虚拟机，代码如下。

```
virsh suspend ubuntu-vm
```

步骤 8：恢复虚拟机，代码如下。

```
virsh resume ubuntu-vm
```

步骤 9：停止虚拟机，代码如下。

```
virsh stop ubuntu-vm
```

步骤 10：删除虚拟机，代码如下。

```
virsh destroy ubuntu-vm
```

课后练习

1. 假设计算机已经安装了 Libvirt 和 QEMU-KVM，并且系统支持硬件虚拟化，请使用 virsh 创建一个名为 myvm 的虚拟机，并执行以下任务。

（1）为虚拟机分配 2048 MB 内存和 2 个 CPU 内核。

（2）创建一个 10 GB 的虚拟硬盘。

（3）使用 Ubuntu Server 20.04 的 ISO 镜像安装操作系统。

（4）配置虚拟机，使之通过桥接网络连接到默认的网络。

（5）启动虚拟机并确保它能够通过 SSH 进行连接。

2. 使用 virsh 创建和管理虚拟网络，完成以下任务。

（1）创建一个名为 mynetwork 的虚拟网络，使用 NAT 模式。

（2）为网络配置一个静态 IP 地址，并启用 DHCP 服务。

（3）将 myvm 虚拟机连接到 mynetwork 网络。

（4）验证虚拟机是否能够通过网络访问外部服务，例如，ping 一个外部域名。

项目三 使用 virt-manager 创建和管理虚拟机

virt-manager 作为一款功能强大的图形界面工具，在虚拟化领域扮演着重要角色。它可以创建、配置及管理 KVM 虚拟机。这款工具极大地简化了虚拟化环境的部署流程，使用户无须执行复杂的命令行操作，便能直观地设置虚拟机的各项资源，包括但不限于 CPU、内存、存储以及网络资源。同时，virt-manager 还提供了实时监控虚拟机状态的功能，让用户能够随时掌握虚拟机的运行状况。

通过 virt-manager，用户不仅可以轻松实现虚拟机的启动、停止和暂停等基本操作，还可以利用其强大的快照功能，为虚拟机创建数据备份，从而在虚拟机发生故障或需要回滚到特定状态时能够迅速恢复，确保数据的完整性和安全性。这些功能使得 virt-manager 成为虚拟化系统管理员在日常工作中不可或缺的工具之一。

3.1 学习目标

1．了解 virt-manager 的基本功能和特点。
2．掌握 virt-manager 的安装与配置方法。
3．熟练使用 virt-manager 创建虚拟机。
4．理解并解决虚拟机管理中的常见问题。

3.2 项目描述

本项目将深入探究 virt-manager 这一功能强大的图形化虚拟机管理工具，旨在为用户提供一套完整且高效的虚拟机创建、配置与日常管理解决方案。virt-manager 提供了直观且用户友好的界面，因此即便是虚拟化技术的初学者，也能轻松上手，快速部署 KVM 或 QEMU 等虚拟化方案，搭建所需的虚拟化环境。

本项目的核心目标是全面解析从安装 virt-manager 到配置虚拟化环境，再到创建虚拟机、分配资源、监控性能以及执行基本管理操作的整个流程。具体而言，我们将指导读者在不同的 Linux 发行版上安装 virt-manager，配置虚拟化环境，其中包括安装必要的依赖项和设置防火墙规则等。

在虚拟机创建方面，本项目将详细介绍如何通过 virt-manager 的图形界面创建虚拟机，其中的关键步骤包括选择操作系统类型、设置虚拟机名称和描述、分配 CPU 和内存资源、配置存储设备等。此外，本项目还将讲述如何为虚拟机安装操作系统，以及如何进行基本的网络配置，以确保虚拟机能够正常连接到外部网络中。

在虚拟机配置与管理方面，本项目将展示如何通过 virt-manager 调整虚拟机的硬件资源分配，如增加或减少 CPU 内核数、调整内存大小、添加或删除虚拟硬盘等；如何备份和恢复虚拟机；以及如何进行虚拟机的迁移和克隆等操作，以满足用户在不同场景下的需求。

此外，本项目还将重点关注虚拟机的性能监控与管理，将指导读者利用 virt-manager 提供的性能监控工具实时查看虚拟机的 CPU、内存、磁盘和网络等部件的关键性能指标，以便及时发现并解决潜在的性能问题。同时，本项目也将介绍如何设置警报和通知，以便在虚拟机出现异常时能够迅速响应。

本项目通过全面且详细的指导，帮助读者充分利用 virt-manager 这一图形化虚拟机管理工具，实现虚拟机的高效创建、配置与日常管理。无论是虚拟化技术的初学者还是经验丰富的系统管理员，都能从本项目中获益。

3.3 相关知识

3.3.1 virt-manager 简介

virt-manager 是 virtual machine manager（虚拟机管理器）的简称，它不仅是对这一管理工具的功能阐释，也是其软件包的名称。作为一款专为虚拟机管理设计的图形用户界面（graphical user interface，GUI）工具，virt-manager 凭借其强大的功能和直观的操作界面，在 Linux 或其他类 UNIX 操作系统中获得高度认可并得到广泛应用。

virt-manager 项目由 Red Hat 公司率先发起并持续推动。凭借开源的基因和社区的支持，virt-manager 不断迭代更新，为用户提供了愈发完善的功能体验。virt-manager 使用 Linux 生态中广泛采用的 GNU 通用公共许可证（general public license，GPL），确保了其代码的开放性、透明性和可自由使用性，极大地促进了虚拟化技术的普及与发展。

在功能层面，virt-manager 为用户提供了全面的虚拟机管理解决方案。无论是虚拟机的创建、配置、启动、停止，还是资源的分配、性能的监控，甚至是虚拟机的迁移与备份，virt-manager 都能通过其直观易用的界面，帮助用户轻松完成。这不仅大大降低了虚拟化管理的复杂度，也显著提升了管理效率。

此外，virt-manager 还高度集成了 KVM 和 QEMU 等虚拟化技术，使得用户能够充分利用这些技术的高效性和灵活性，快速搭建满足各种需求的虚拟化环境。无论是用于开发测试的轻量级虚拟机，还是承载关键业务的生产级虚拟机，virt-manager 都能提供有力支持。

3.3.2　主要特点

图形用户界面管理：virt-manager 通过其直观且功能丰富的图形用户界面，为用户提供了全面的虚拟化管理体验。用户无须深入了解复杂的命令行操作，即可轻松完成虚拟机的创建、编辑、启动、暂停、恢复和停止等一系列管理任务。此外，该工具还支持虚拟快照功能，允许用户在任意时间点创建虚拟机的快照备份，以便在需要时快速恢复。同时，动态迁移功能使得虚拟机能够在不同物理主机之间无缝迁移，进一步提升了虚拟化环境的灵活性和可靠性。

性能监控：virt-manager 内置了强大的性能监控模块，允许用户实时监控运行中客户机的各项性能指标，如 CPU 使用率、内存占用情况、磁盘 I/O 活动、网络流量等。这些统计数据不仅以直观的图形化方式展现，还可以导出为报告或日志文件，供用户进一步分析和优化虚拟机。通过这一功能，用户可以及时发现并解决潜在的性能瓶颈，确保虚拟化环境的稳定运行。

资源分配与配置：virt-manager 为用户提供了图形化的资源分配与配置页面，使得用户能够轻松地对客户机的资源进行精确控制。无论是 CPU 内核数、内存大小、硬盘空间还是网络接口配置，用户都可以通过简单的拖曳和设置来完成。此外，该工具还支持虚拟硬件的动态调整，允许用户在虚拟机运行时修改其硬件配置，以满足不断变化的负载需求。

VNC 客户端：virt-manager 内置了一个功能完善的虚拟网络计算（virtual network computing，VNC）客户端，使用户能够直接通过图形界面连接到客户机的控制台。这一功能极大地简化了远程管理和维护虚拟机的工作流程，用户不需要额外的 VNC 客户端软件，即可实现远程桌面访问，以及与它的交互。

支持多种虚拟化技术：virt-manager 具有高度的兼容性和灵活性，支持本地或远程管理基于不同虚拟化技术的客户机。无论是基于 KVM 的虚拟化环境，还是基于 Xen、QEMU、LXC 等虚拟机监视器的虚拟化解决方案，virt-manager 都能提供全面的管理支持。这一特性使得用户能够根据自己的需求和偏好选择最适合的虚拟化技术，同时享受 virt-manager 带来的便捷管理体验。

3.3.3 技术实现

virt-manager 在开发过程中选择 Python 语言作为其应用程序部分的核心编程语言。Python 语言以其简洁明了的语法、广泛而强大的库支持以及丰富的社区资源，为 virt-manager 的开发提供了一个既稳定又灵活的环境。Python 的易读性和易用性不仅加速了开发进程，还使得代码更加清晰、易于维护。

在构建系统方面，virt-manager 选择 GNU Autotools（包括 Autoconf、Automake 等）这一强大的构建工具集。GNU Autotools 为 virt-manager 提供了跨平台的自动化构建和部署能力，确保代码在不同操作系统和环境下的一致性和可靠性。通过 GNU Autotools，开发人员可以轻松地编译、安装和测试 virt-manager，大大提高了开发效率。

在用户界面的设计和实现上，virt-manager 采用了 GTK+与 PyGTK 的组合。GTK+是一个广泛使用的图形用户界面工具包，提供丰富的控件（如按钮、文本框、列表等）和灵活的布局选项（如网格布局、堆叠布局等），使得开发人员能够构建直观、美观且易于操作的用户界面。PyGTK 是 GTK+的 Python 绑定，它使得 Python 开发人员能够利用 Python 语言的简洁性和强大功能来轻松地使用 GTK+的功能构建用户界面。通过 PyGTK，virt-manager 实现了一个用户友好的图形界面，使得用户能够方便地管理虚拟机。

至于与底层虚拟化技术的交互，virt-manager 则依赖 Libvirt 开源的虚拟化 API、守护进程和管理工具集合。Libvirt 提供了一个对虚拟化技术的统一抽象层，使开发人员能够通过统一的接口管理不同的虚拟化技术。virt-manager 通过 Libvirt 与底层的虚拟化技术进行交互，实现虚拟机的创建、配置、启动、停止、迁移、备份等管理功能。Libvirt 的灵活性和可扩展性使得 virt-manager 能够轻松应对不同虚拟化技术的挑战，为用户提供一致且强大的虚拟机管理体验。

3.3.4 安装与使用

virt-manager 的安装过程具体如下。

（1）基于 RPM 的发行版

如果用户使用基于 RPM（Red Hat package management）的 Linux 发行版，如 Fedora、CentOS 以及 Red Hat Enterprise Linux（RHEL）等，安装 virt-manager 的过程通常既简单又直接。这些发行版内置了强大的包管理器，如 yum 或 dnf，为用户提供便捷的软件安装和更新途径。

下面以 Fedora 为例，详细阐述安装 virt-manager 的步骤。首先，用户需要打开终端，这是与 Linux 进行交互的命令行界面。在终端，用户只需输入以下命令即可开始安装。

```
sudo yum install virt-manager
```

这条命令中的 sudo 表示以超级用户（或管理员）的权限执行后续命令；yum install 是 yum 包管理器的安装命令，用于从软件仓库中下载并安装指定的软件包。在这里，指定的软件包就是 virt-manager。

当用户输入并执行这条命令后，Fedora 会自动连接到其官方的软件仓库。这个仓库包含大量的软件包和它们的依赖项，能够确保用户获取最新、最稳定的软件版本。系统会根据 virt-manager 的依赖关系，自动下载并安装所有必要的依赖项，以确保 virt-manager 能够正常运行。

整个过程不需要用户进行额外的手动配置，系统会自动处理所有的依赖关系和安装细节。用户只需等待安装过程完成，即可使用 virt-manager 管理虚拟机环境。

此外，对于 CentOS、RHEL 等同样基于 RPM 的发行版，安装 virt-manager 的过程也非常类似。用户只需将 yum 包管理器替换为相应的包管理器（如 CentOS 中的 dnf），并输入相应的安装命令即可。这些发行版同样提供丰富的软件仓库和便捷的包管理工具，使得安装 virt-manager 变得异常简单和方便。

总体来说，对于使用基于 RPM 的 Linux 发行版的用户而言，安装 virt-manager 是一个简单而直接的过程。他们只需利用内置的包管理器，输入相应的安装命令，即可轻松获取这款功能强大的虚拟机管理工具。

（2）基于 Debian 的发行版

如果用户使用的是基于 Debian 的 Linux 发行版，如 Ubuntu、openSUSE[1]，virt-manager 的安装同样是一个轻松且直接的过程。这些发行版内置了强大的包管理器，如 apt 或 apt-get，为用户提供便捷的软件安装、更新和管理途径。

下面以 Ubuntu 为例，详细阐述安装 virt-manager 的步骤。首先，用户需要确保本地包索引版本是最新的，这有助于获取最新版本的软件包及其依赖项。用户可以通过在终端输入以下命令来完成这一步。

1 尽管 openSUSE 主要基于自己的包管理系统 Zypper，但是这里为了讨论的一致性，我们将其纳入广义的基于 Debian 的发行版范畴。虽然它们的安装过程可能略有不同，但基本原理相似。

```
sudo apt-get update
```

这条命令会访问 Ubuntu 的软件仓库，并下载最新的软件包列表信息，确保用户的系统能够获取最新的软件更新。

接下来输入以下命令，安装 virt-manager。

```
sudo apt-get install virt-manager
```

这条命令会告诉 apt-get 包管理器从 Ubuntu 的软件仓库中下载并安装 virt-manager 软件包。在安装过程中，系统会根据 virt-manager 的依赖关系，自动下载并安装所有必要的依赖项。这些依赖项是确保 virt-manager 正常运行所必需的，包括但不限于虚拟化库、图形界面组件等。

值得注意的是，尽管大多数情况下这些依赖项会在安装过程中被自动识别和安装，但用户可能仍需要手动安装一些额外的软件包或依赖项。例如，如果系统缺少某些图形界面组件或虚拟化支持库，那么用户需要在安装 virt-manager 之前，先安装这些组件或库。不过，这种情况并不常见，因为 Ubuntu 的软件仓库通常会包含所有必要的依赖项，以确保软件的顺利安装和运行。

在安装完成后，用户可以使用 virt-manager 管理虚拟机环境了。无论是创建新的虚拟机，对虚拟机进行设置，还是监控虚拟机的运行状态，virt-manager 都提供直观易用的图形界面和丰富的功能选项，使得虚拟机管理变得异常简单和方便。

总体来说，对于使用基于 Debian 的 Linux 发行版的用户而言，安装 virt-manager 是一个简单而直接的过程。他们只需利用内置的包管理器，输入相应的安装命令，并根据系统提示安装一些额外的依赖项或软件包，即可轻松获取这款功能强大的虚拟机管理工具。

（3）virt-manager 的使用

一旦 virt-manager 安装完成，用户只需在终端输入 virt-manager 命令，即可轻松启动这款功能强大的虚拟机管理工具。首次启动时，出于安全考虑，系统通常会提示用户输入用户名和密码，进行身份验证，以确保只有授权用户才能对虚拟机进行管理和操作。这一措施可有效防止未经授权的访问和潜在的安全风险。

进入 virt-manager 的图形用户界面后，用户将看到一个直观且易于导航的界面，其中列出了所有已配置的虚拟机以及它们的当前状态（如运行、停止、暂停等）。这种设计使得用户能够一目了然地了解虚拟机的整体情况，从而更高效地管理它们。

通过 virt-manager 的图形用户界面，用户可以轻松执行一系列虚拟机管理任务。例如，通过简单的单击和拖曳操作，用户可以快速创建新的虚拟机。在创建过程中，用户可以自行配置虚拟机，如处理器与内核数量、内存大小、磁盘空间等，以满足不同的应用需求。此外，用户还可以轻松编辑现有虚拟机的配置，调整资源分配或更改相关设置。

除了创建和编辑虚拟机外，virt-manager 还允许用户轻松地启动、停止、暂停或恢复虚拟机。这些操作都可以通过 GUI 中的按钮或菜单项来完成，不需要复杂的命令行操作。此外，virt-manager 还支持虚拟机迁移功能，允许用户将虚拟机从一台主机迁移到另一台主机上，以实现负载均衡或资源优化。

在性能监控方面，virt-manager 提供丰富的实时监控和日志记录功能。用户可以通过这些功能实时了解虚拟机的运行状态，包括 CPU 使用率、内存占用、磁盘 I/O 等关键性能指标。这些信息对于及时发现并解决潜在问题至关重要，有助于确保虚拟机的稳定运行。同时，用户还可以查看虚拟机的日志文件，了解虚拟机在运行过程中产生的各种信息，如启动日志、错误日志等。这些日志信息对于故障排查和性能优化具有重要意义。

值得一提的是，virt-manager 还支持多种虚拟化技术，如 KVM、Xen、QEMU 等，这意味着用户可以根据自己的需求选择合适的虚拟化技术来创建和管理虚拟机。这种灵活性使得 virt-manager 成为一款适用于不同场景和需求的虚拟机管理工具。

总体来说，virt-manager 以其直观易用的图形界面、丰富的功能选项以及强大的性能监控和日志记录功能，为用户提供了便捷高效的虚拟机管理体验。无论是初学者还是经验丰富的管理员，都能通过 virt-manager 轻松管理自己的虚拟机环境。

3.3.5　应用场景

virt-manager 作为 KVM 虚拟化技术的管理工具，其易用性、丰富的功能和卓越的性能使得它在多个应用场景中展现出潜力和价值。这款工具不仅简化了虚拟机的管理流程，还显著提升了管理效率，推动了虚拟机技术在更广泛领域的深度应用。

在教育领域，virt-manager 的应用尤为突出。教育机构能够利用它轻松创建和管理虚拟机实验室，为学生打造一个安全、隔离且易于管理的实验环境。通过 virt-manager 的图形用户界面，教育者可以快速部署多个虚拟机，并根据教学需求进行灵活配置。这些功能不仅能够极大地提升学生的实践操作能力，还能够显著降低硬件成本和维护复杂度。例如，在计算机科学、网络工程等专业课程中，学生可以在虚拟机上进行编程、网络配置、系统管理等实践操作，而无须担心对实际硬件造成任何损害。此外，virt-manager 还支持快照功能，教师可以轻松保存和恢复虚拟机的状态，以便进行重复的教学演示和实验，确保教学效果的持久性和一致性。

在企业运营中，virt-manager 同样发挥着不可或缺的作用。随着企业业务的不断扩展和调整，服务器资源的整合和虚拟化已成为必然趋势。virt-manager 提供了全面的虚拟机管理功能，使企业能够轻松创建、配置和迁移虚拟机，灵活应对不断变化的业务需求。通过 virt-manager，企业可以实现服务器的集中管理，显著提高资源利用率，并有效降低运营成本。同时，virt-manager 还提供丰富的性能监控和日志记录功能，帮助企业实时了解虚拟机的运行状态，及时发现并解决问题。例如，当某个虚拟机出现性能瓶颈时，企业可以利用 virt-manager 的性能监控功能进行精准诊断，并采取相应的优化措施，以确保业务的持续稳定运营。

在开发测试和运维领域，virt-manager 同样发挥巨大的价值。开发人员可以借助它快速创建测试环境，验证软件在不同操作系统和配置下的兼容性。通过 virt-manager，开发人员能够轻松部署多个虚拟机，模拟不同的操作系统和硬件配置，进行全面测试，这不仅提高了测试效率，还显著降低了测试成本。同时，测试人员可以利用 virt-manager 进行压力测试和性能测试，以确保软件的稳定性和可靠性。在运维领域，virt-manager 也发挥着重要作用。运维人员可以利用它进行虚拟机的备份和恢复操作，以及虚拟机的迁移和扩容等，从而确保业务的连续性和可扩展性。这些功能使得运维人员能够更加高效地管理虚拟机环境，降低运维成本，提高业务服务质量。

值得一提的是，virt-manager 不仅支持 KVM 虚拟化技术，还兼容其他虚拟化解决方案，如 Xen 等。这种兼容性使得它能够在不同的虚拟化环境中发挥作用，满足用户多样化的需求。无论是使用 KVM 还是 Xen，用户都可以通过 virt-manager 进行统一的管理和操作。这种跨平台的兼容性使得 virt-manager 成为一款功能强大且易于上手的虚拟机管理工具，为用户提供了极大的便利和灵活性。

综上所述，virt-manager 在教育、企业运营、开发测试和运维等多个领域都展现出了巨大的潜力和价值，简化了虚拟机的管理过程，提高了管理效率，推动了虚拟机技术在更广泛领域的应用。无论是教育机构、企业，还是开发人员和测试人员，都可以通过 virt-manager 实现高效、便捷、安全的虚拟机管理。随着虚拟化技术的不断发展和普及，virt-manager 将在未来的虚拟机管理中发挥更加重要的作用，为各行各业的发展提供强有力的支持。

在使用 virt-manager 这一功能强大且易于操作的虚拟机管理工具时，用户应当注意以下几方面，以确保安全、高效地管理虚拟机环境。

（1）权限管理

默认情况下，virt-manager 需要 root 权限执行虚拟机管理任务，因为这类任务通常涉及对系统资源的深度访问和控制。然而，为了保障系统的安全性，这里强烈建议用户不要直接使用 root 账户运行 virt-manager。相反，用户可以利用 sudo 等命令临时提高权限，这样可以在不暴露 root 账户信息的情况下完成必要的操作。

需要注意的是，即使使用 sudo 命令，用户也应确保自己的账户信息在 sudoers 文件中拥有适当的权限配置，以避免不必要的权限提升风险。

（2）远程访问安全

用户如果需要远程位置访问和管理虚拟机，那么必须为 virt-manager 提供安全可靠的远程访问通道。这通常意味着需要配置 SSH 等安全 Shell 服务，并设置相应的网络访问权限和防火墙规则。

在配置远程访问时，用户应确保使用强密码或密钥认证等安全措施，以防止未经授权的访问。同时，还应定期更新和检查安全配置，以应对潜在的安全威胁。

（3）谨慎操作以避免数据丢失

在使用 virt-manager 进行虚拟机管理时，用户需要格外小心，避免误操作导致虚拟机损坏或数据丢失。特别是在执行虚拟机删除、迁移等敏感操作时，用户应提前备份所有重要数据。

此外，用户还应定期检查和验证虚拟机的备份文件，以确保在需要时能够顺利恢复数据。

（4）系统资源监控与优化

virt-manager 提供丰富的性能监控功能，用户可以利用这些功能实时了解虚拟机的运行状态和资源使用情况。通过监控 CPU 使用率、内存占用、磁盘 I/O 等关键指标，用户可以及时发现并解决潜在的性能问题。

当发现性能瓶颈时，用户可以尝试通过调整虚拟机配置、优化系统资源分配或升级硬件等方式来解决问题。

（5）持续学习与更新

随着虚拟化技术的不断发展和更新，virt-manager 的功能和性能也在不断提升，因此，用户应持续关注虚拟化领域的最新动态和技术发展，以便及时了解和掌握 virt-manager 的新功能和最佳实践。

此外，用户还应将 virt-manager 及其相关依赖项定期更新到最新版本，以确保拥有最新的功能和安全修复。

3.4 项目实践

3.4.1 使用 virt-manager 远程连接服务器

通过本实践，读者需要深入理解远程连接技术的基本原理，其中包括网络协议、端口转发和身份验证。virt-manager 作为虚拟化环境的管理工具，其远程连接功能允许用户从远程位置管理虚拟机。通过实践，读者需要掌握这一功能的使用方法。

有两种方式可以实现远程连接。一种方式是使用 SSH 隧道连接到远程服务器，SSH

隧道是一种通过 SSH 协议加密的网络连接，可用于安全地访问远程服务器上的服务。另一种方式是在 virt-manager 中添加远程连接。

值得注意的是，直接连接到远程服务器的 Libvirt 服务可能会暴露给潜在的网络攻击者，因此用户需要确保了解并接受这种连接方法带来的安全风险。这里建议使用 SSH 隧道或其他安全的远程连接方法。

1．使用 SSH 隧道连接到远程服务器

由于直接通过 virt-manager 连接到远程服务器的 Libvirtd 可能涉及端口开放和安全问题，这里使用 SSH 隧道进行连接，具体步骤如下。

步骤 1：打开终端。

步骤 2：使用 SSH 隧道建立连接。假设远程服务器的 IP 地址为 192.168.1.100，用户名为 user，则可以运行以下命令。

```
ssh -f user@192.168.1.100 -L localhost:16509:localhost:16509 -N
```

这条命令会将远程服务器的 16509 端口转发到本地的 16509 端口，其中，-f 参数使 SSH 客户端在后台运行，-N 参数表示不执行远程命令。

2．在 virt-manager 中添加远程连接

在 virt-manager 中添加远程连接的具体操作步骤如下。

步骤 1：打开 virt-manager。

步骤 2：在页面左上角单击“File”，然后选择“AddConnection”。

步骤 3：在弹出的对话框中，勾选“Connect to remote host over SSH”作为连接类型，设置必要的参数，之后即可连接远程主机。

步骤 4：在“Hostname”文本框中输入 qemu+ssh://localhost/system。这里使用 localhost，是因为远程服务器的端口已经通过 SSH 隧道转发到了本地。

步骤 5：单击“Connect”。如果已设置 SSH 免密登录（使用 SSH 密钥），virt-manager 会直接连接到远程服务器上的 Libvirtd 服务。如果没有设置免密登录，virt-manager 可能会提示输入 SSH 密码，这里按要求操作即可。

在 virt-manager 中添加远程连接需要注意如下事项。

事项 1：确保远程服务器的 Libvirtd 配置允许远程连接。这通常涉及修改/etc/Libvirt/Libvirtd.conf 文件中的相关设置（如 listen_tls、listen_tcp 和 auth_tcp），并确保重启 Libvirtd 服务。

事项 2：使用 SSH 隧道而不是直接开放 Libvirtd 端口可以提高安全性。通过 SSH 隧道，用户可以加密待传输的数据，防止数据在传输过程中被窃取或篡改。

事项 3：如果网络环境或 SSH 配置有特殊要求（如端口号不是默认的 22），需要相应调整 SSH 隧道命令中的端口参数。

3.4.2 使用 virt-manager 创建和管理虚拟机

1．使用 virt-manager 创建虚拟机

首先下载本实验需要的镜像，这是一个只有 20 MB 左右的 cirros 镜像，在测试中经常使用。打开终端，输入以下命令。

```
// 转到根目录
cd ~
// 下载镜像
wget http://10.90.3.2/LMS/CloudComputing/openstack/cirros-0.6.2-x86_64-disk.img
```

双击桌面的 Virtual Machine Manager 图标，打开 Virtual Machine Manager。

在工具栏中，单击左侧的 create 图标，进入创建虚拟机的引导流程，如图 3-1 所示。

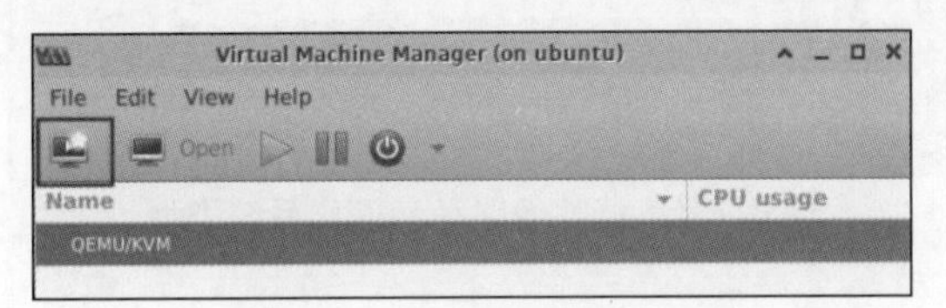

图 3-1 创建虚拟机页面

勾选“Import existing disk image”，之后单击右下角的“Forward”，如图 3-2 所示。

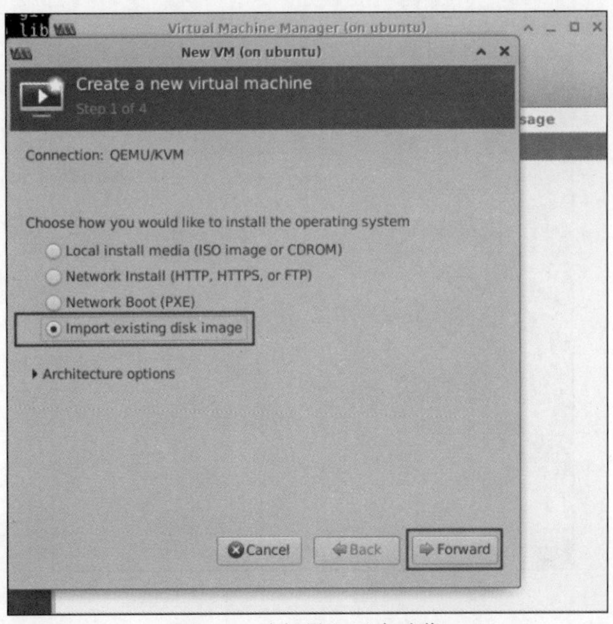

图 3-2 选择导入已有映像

选择镜像的路径和操作系统类型。关于操作系统类型，默认可选的有 CentOS、Ubuntu

的多个版本。若没有找到自己的版本，则可以选择“Generic default”，之后，单击“Forward”按钮，如图 3-3 所示。

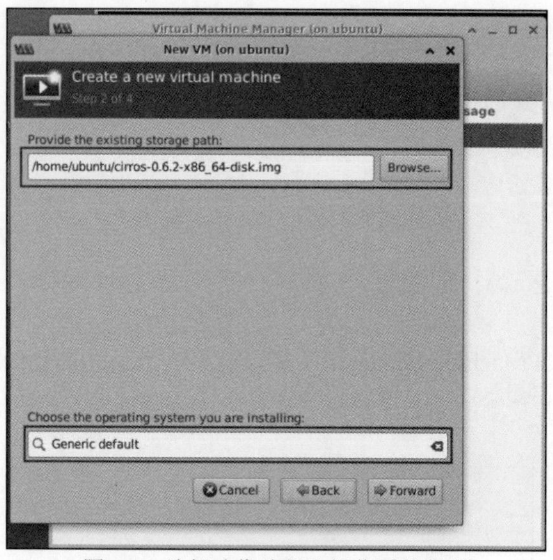

图 3-3　选择映像路径和操作系统类型

接下来根据映像文件大小选择相应的配置，这一步骤需要配置内存大小和 CPU 内核数量。由于这里所选映像文件不大，因此选择默认配置即可，之后单击右下角的“Forward”，如图 3-4 所示。

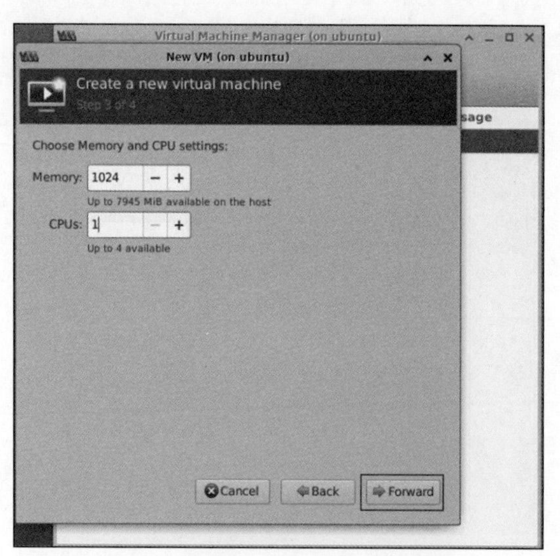

图 3-4　配置内存和 CPU 内核数量

虚拟机的名称设置和网络选择可以使用默认配置，单击“Finish”后，virt-manager 就开始创建虚拟机了，如图 3-5 所示。

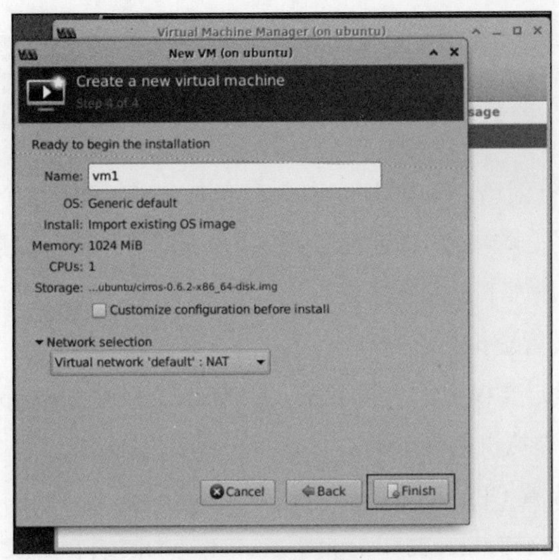

图 3-5　创建虚拟机

创建完成后，在可视化页面的列表中可以看到，创建的 vm1 已经在运行（Running）了，如图 3-6 所示。

图 3-6　查看 vm1 运行状况

下面删除创建好的 vm1，如图 3-7 所示。这将导致下载的 cirros 镜像文件被一并删除。

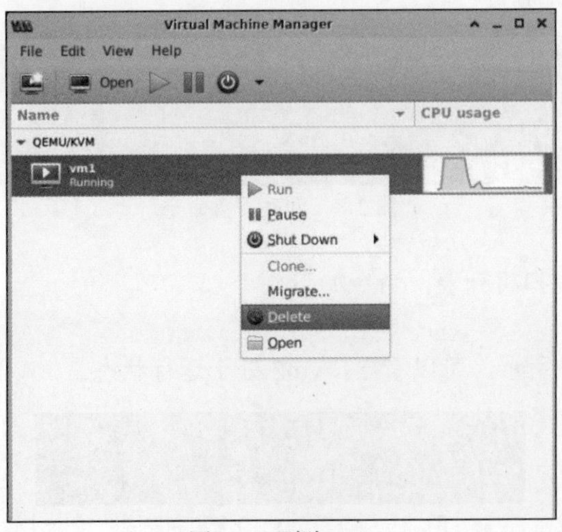

图 3-7　删除 vm1

接下来重新下载 cirros 镜像，再使用命令行启动虚拟机。下载镜像命令如下。

```
cd ~
wget http://10.90.3.2/LMS/CloudComputing/openstack/cirros-0.6.2-x86_64-disk.img //内部网址
```

用户可以使用命令行创建一个虚拟机，具体命令为 virt-install。这个命令的参数众多，下面列出了 virt-install 命令的一些参数，读者也可以使用命令自带的 help 参数查看详细的参数信息。

virt-install 命令参数如下。

- -name name：设置虚拟机名称。
- -M machine：指定要模拟的主机类型，如 Standard PC、ISA-only PC、Intel-Mac 等。
- -m megs：设置虚拟机的 RAM 大小。
- -CPU model：设置 CPU 模型，如 coreduo、qemu64 等。
- -smp n[,cores=cores][,threads=threads][,sockets=sockets] [,maxCPUs=maxCPUs]：设置模拟的 SMP 架构中 CPU 的个数（目标机上最多可支持 255 个 CPU）、每个 CPU 的内核数、每个内核的线程数、CPU 的套接字数目、热插入的 CPU 个数上限。
- -numa opts：指定模拟多节点的 NUMA 设备。

在创建虚拟机之前，首先需要创建一个硬盘，然后将该硬盘挂载到虚拟机下，具体命令如下。

```
qemu-img create -f qcow2 vm1-disk1.qcow2 10G # 运行结果中不展示
virt-install --name vm2 --memory 1024 --vCPUs 1 --disk
path=cirros- 0.6.2-x86_64-disk.img,format=qcow2 --disk path=vm1-disk1.qcow2,
device=disk --os-type linux --os-variant=generic --network network=default,
model=virtio --import --noautoconsole
```

这个命令的运行效果如图 3-8 所示，含义是使用当前路径下 cirros-0.6.2-x86_64-disk.img 作为镜像，vm1-disk1.qcow2 作为存储盘，创建一个名为 vm2 的单核、内存大小为 1024 MB 的虚拟机，并且不自动连接控制台。

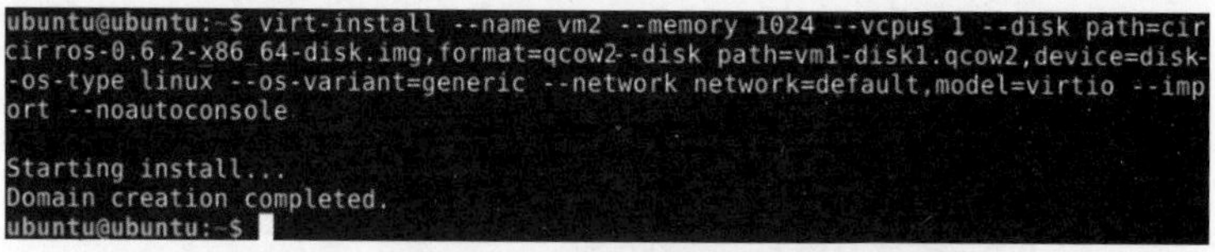

```
ubuntu@ubuntu:~$ virt-install --name vm2 --memory 1024 --vcpus 1 --disk path=cir
cirros-0.6.2-x86_64-disk.img,format=qcow2--disk path=vm1-disk1.qcow2,device=disk-
-os-type linux --os-variant=generic --network network=default,model=virtio --imp
ort --noautoconsole

Starting install...
Domain creation completed.
ubuntu@ubuntu:~$
```

图 3-8　创建硬盘命令

下面查看创建的虚拟机列表，命令如下。

```
virsh list --all
```

运行结果如图 3-9 所示，可以看出，vm2 处于运行状态。

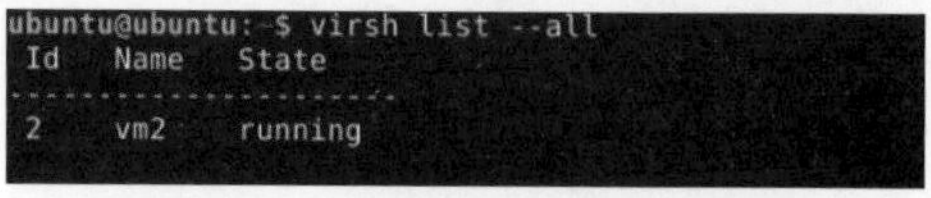

```
ubuntu@ubuntu:~$ virsh list --all
 Id    Name    State
----------------------
 2     vm2     running
```

图 3-9　查看创建的虚拟机列表

如果需要连接虚拟机 vm2，那么可以使用 SSH 隧道这种方式，首先查看 vm2 的 IP 地址，命令如下。

```
virsh domifaddr vm2
```

运行结果如图 3-10 所示。

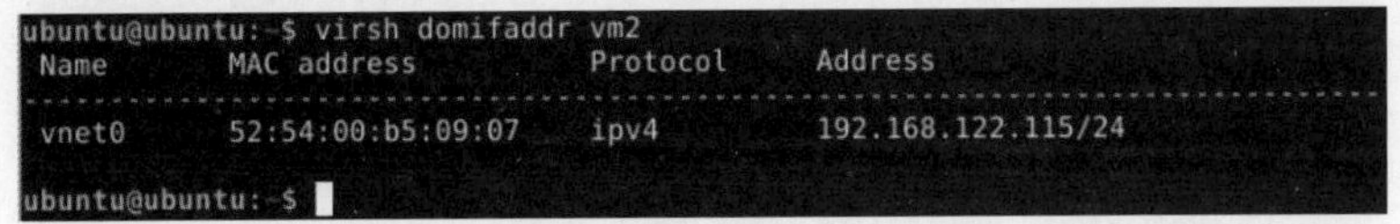

图 3-10　查看 vm2 的 IP 地址

实际生成的 IP 地址可能存在差异。下面使用 SSH 连接 vm2（默认密码为 gocubsgo），命令如下。

```
ssh cirros@192.168.122.115
```

运行结果如图 3-11 所示。

```
ubuntu@ubuntu:~$ ssh cirros@192.168.122.115
The authenticity of host '192.168.122.115 (192.168.122.115)'can't be established.
ECDSA key fingerprint is SHA256:+cT68k4PGY2W+AFstrlxDkOGVbN7BCHcNoreHxf5LI0.
Are you sure you want to continue connecting (yes/no/[fingerprint])? yes
Warning: Permanently added '192.168.122.115' (ECDSA) to the list of known hosts.
cirros@192.168.122.115's password:
$
```

图 3-11　使用 SSH 连接 vm2 运行结果

以下命令也可以连接到 vm2，运行结果如图 3-12 所示。

```
virsh console vm2
```

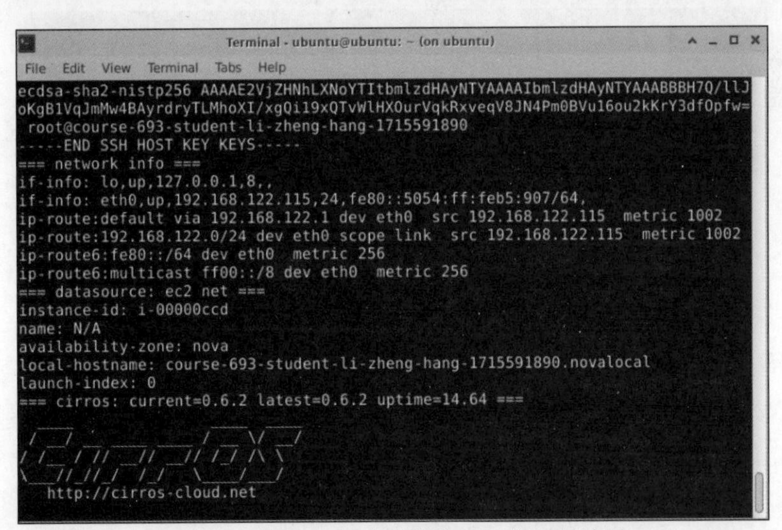

图 3-12　使用 virsh 命令连接 vm2 的运行结果

除了连接虚拟机，使用 virt-viewer 命令可以查看虚拟机，具体如下。

```
virt-viewer vm2
```

运行结果如图 3-13 所示。

```
vm2 (1) - Virt Viewer (on ubuntu)
File  View  Send key  Help
[    3.445679] uhci_hcd 0000:00:05.0: UHCI Host Controller
[    3.451264] uhci_hcd 0000:00:05.0: new USB bus registered, assigned bus nu
r 2
[    3.459063] scsi 0:0:1:0: Direct-Access     ATA      QEMU HARDDISK    2.5+
: 0 ANSI: 5
[    3.468153] sd 0:0:0:0: [sda] Write cache: enabled, read cache: enabled, d
n't support DPO or FUA
[    3.478450] uhci_hcd 0000:00:05.0: detected 2 ports
[    3.484514] sd 0:0:1:0: [sdb] 20971520 512-byte logical blocks: (10.7 GB/10.0
GiB)
[    3.493934] sd 0:0:1:0: Attached scsi generic sg1 type 0
[    3.500634] uhci_hcd 0000:00:05.0: irq 10, io base 0x0000c0c0
[    3.506679] sd 0:0:1:0: [sdb] Write Protect is off
[    3.512497] usb usb2: New USB device found, idVendor=1d6b, idProduct=0001, bc
dDevice= 5.15
[    3.523320] usb usb2: New USB device strings: Mfr=3, Product=2, SerialNumber=
1
[    3.530966] usb usb2: Product: UHCI Host Controller
[    3.536231] usb usb2: Manu
[    3.523320] usb usb2: New USB device strings: Mfr=3, Product=2, SerialNumber=
1
[    3.530966] usb usb2: Product: UHCI Host Controller
[    3.536231] usb usb2: Manufacturer: Linux 5.15.0-71-generic uhci_hcd
[    3.543074] usb usb2: SerialNumber: 0000:00:05.0
```

图 3-13　使用 virt-viewer 命令查看虚拟机运行结果

查看资源占用情况可以使用以下命令。

```
virt-top
```

运行结果如图 3-14 所示。

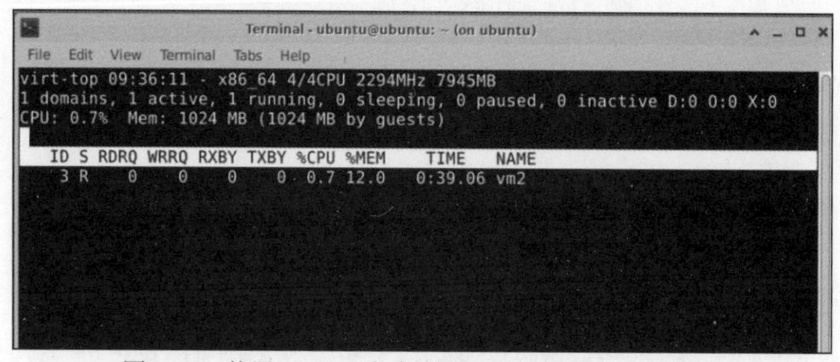

图 3-14　使用 virt-top 命令查看资源占用情况运行结果

直接运行此命令，将显示当前宿主机上所有虚拟机的运行情况，和 Linux 常用的 top 工具类似。

2．使用 virt-manager 管理存储池

常用的存储池是基于目录的存储池，下面介绍基于磁盘的存储池。首先创建虚拟磁盘，这里可以使用 qemu-img 命令，具体如下。

```
qemu-img create -f qcow2 vmdisk.qcow2 10G
```

双击 virt-manager 的“QEMU/KVM”，找到“Storage”页面，如图 3-15 所示。

在图 3-16 所示页面上单击左上角的加号创建存储池，在弹出的页面上填写必要信息，单击“Finish”。请注意创建的磁盘路径：/home/ubuntu/vmdisk.qcow2。

基于磁盘的存储池便创建好了，其页面如图 3-17 所示。

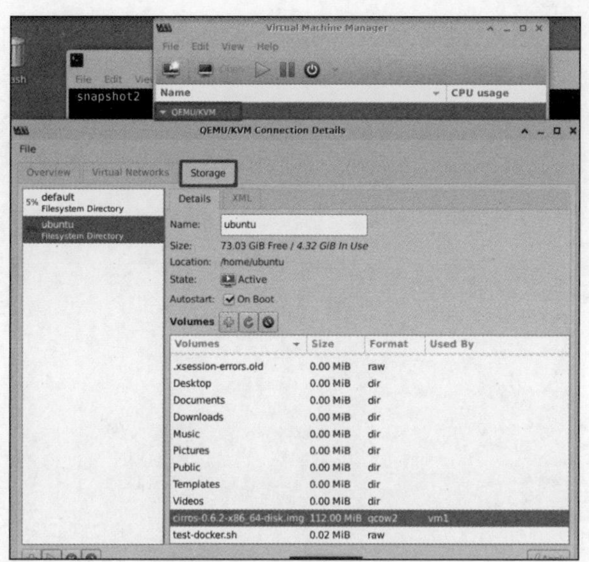

图 3-15 “Storage”页面

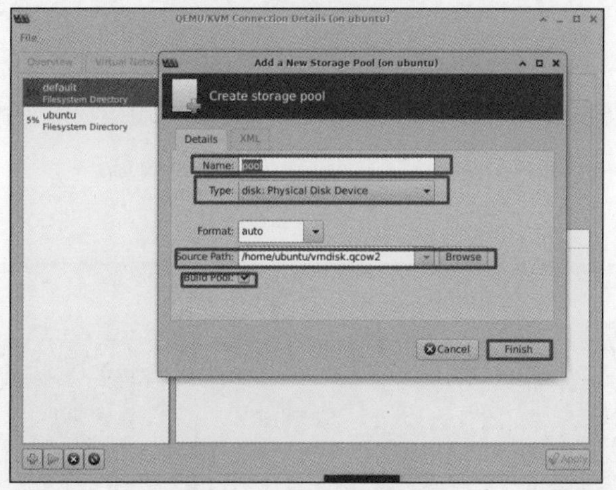

图 3-16 填写创建存储池

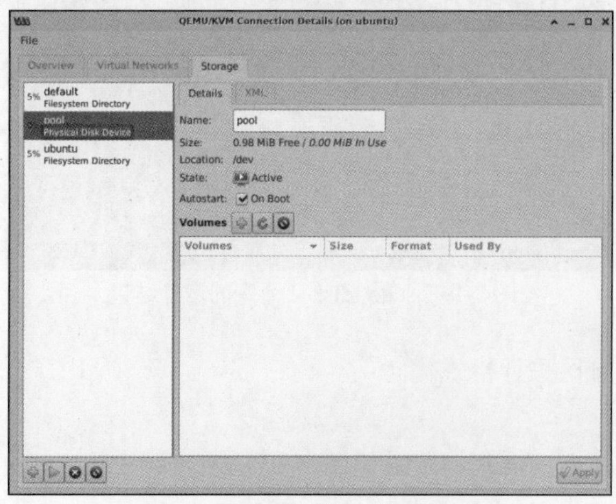

图 3-17 创建好的存储池页面

还可以创建一个基于分区的存储池，双击之前创建的 vm1 虚拟机，按照图 3-18 所示步骤新建一个虚拟磁盘。

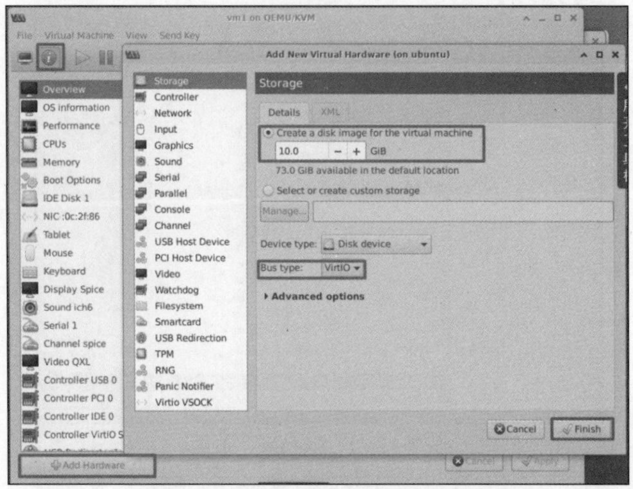

图 3-18　创建基于分区的存储池

创建完成后，进入创建好的 vm1 虚拟机页面。在终端运行以下命令，得到的结果如图 3-19 所示，其中列出的设备就是我们刚刚添加的虚拟磁盘。

```
sudo fdisk -l
```

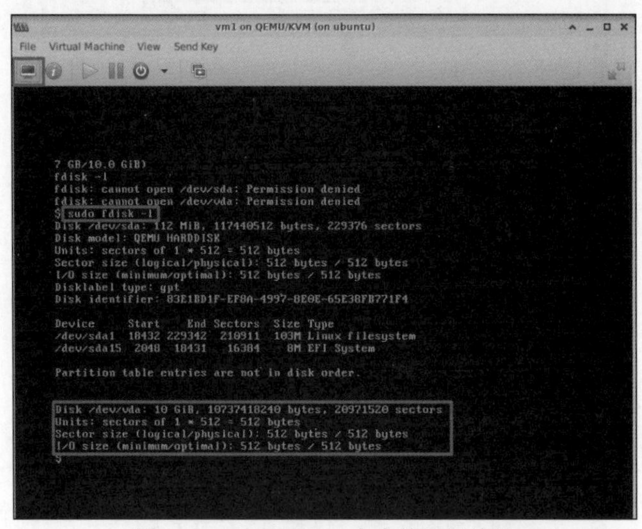

图 3-19　sudo fdisk -l 命令的运行结果

执行以下命令对分区进行格式化。

```
sudo fdisk/dev/vda
```

在终端运行上述命令，得到的结果如图 3-20 所示，其中输入“n”建立新分区，随后按回车键接受所有默认设置，然后输入“w”写入更改并退出。

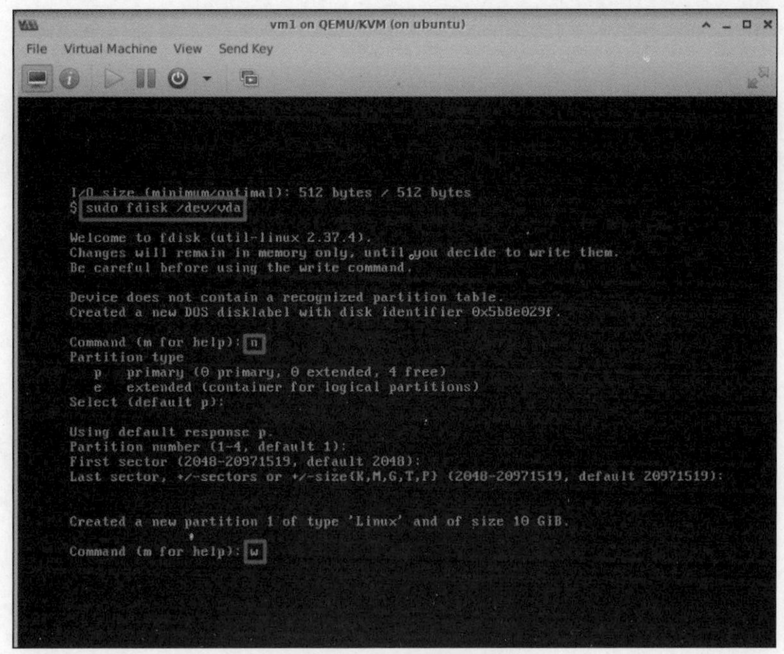

图 3-20　分区格式化结果

使用 mkfs 命令对分区进行格式化，命令如下。

```
sudo mkfs.ext4 /dev/vda1
```

在终端执行上述命令，得到的结果如图 3-21 所示。

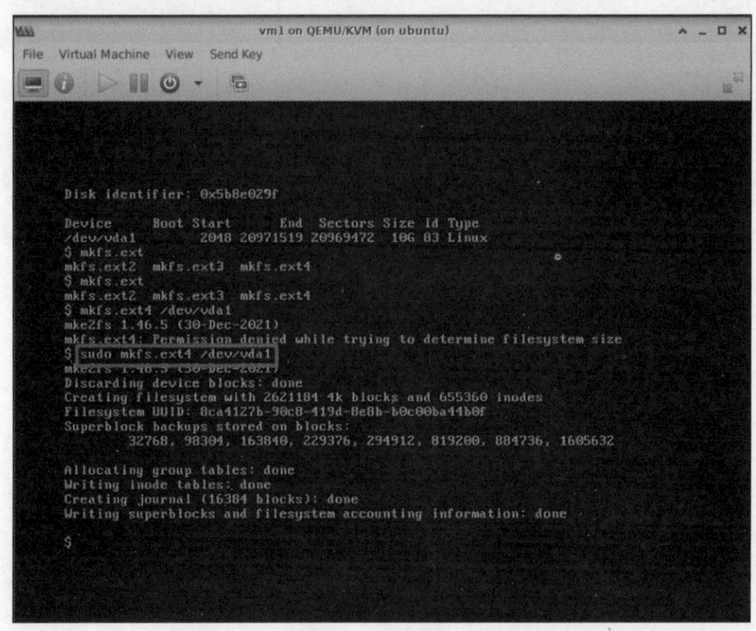

图 3-21　分区格式化结果——mkfs 命令

返回存储池页面，并按照图 3-22 所示步骤配置存储池，单击“Finish”按钮。

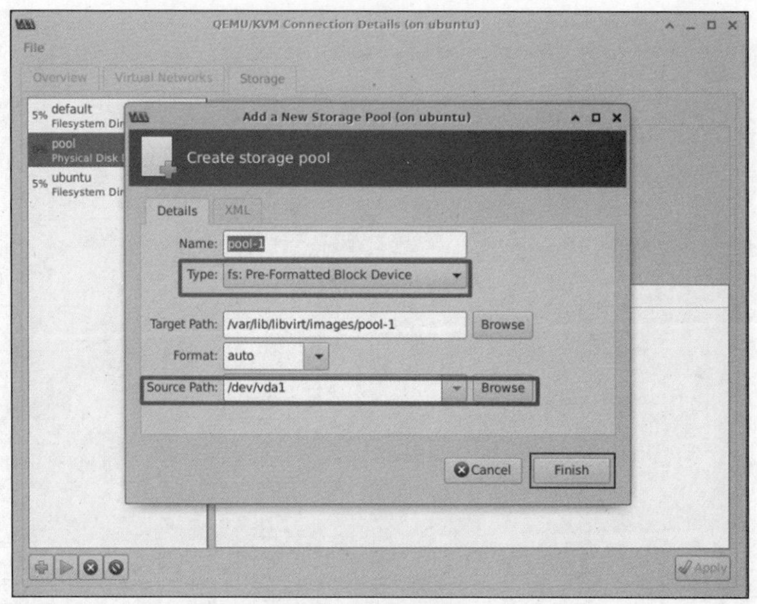

图 3-22 配置存储池

一个创建好的基于分区的存储池如图 3-23 所示。

存储池中的内容以存储卷的方式进行存储。存储卷可以是文件、块设备（物理分区、LVM 逻辑卷等）或者 Libvirtd 管理的其他类型存储的抽象。

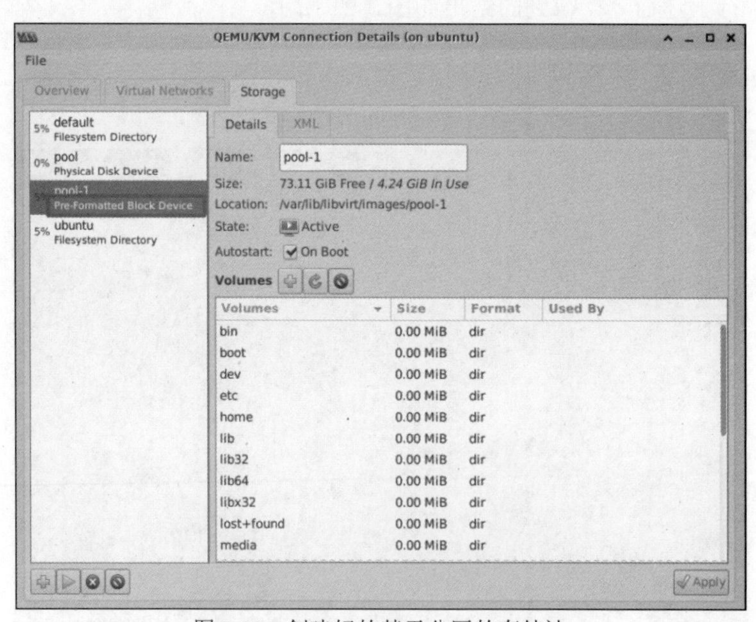

图 3-23 创建好的基于分区的存储池

在命令行中，可以使用以下命令查看存储卷管理的相关命令。

```
virsh vol-create-as --help
```

在终端运行上述命令，得到的结果如图 3-24 所示。

```
ubuntu@ubuntu:~$ sudo virsh vol-create-as --help
  NAME
    vol-create-as - create a volume from a set of args

  SYNOPSIS
    vol-create-as <pool> <name> <capacity> [--allocation <string>] [--format <st
ring>] [--backing-vol <string>] [--backing-vol-format <string>] [--prealloc-meta
data] [--print-xml]

  DESCRIPTION
    Create a vol.

  OPTIONS
    [--pool] <string>  pool name
    [--name] <string>  name of the volume
    [--capacity] <string>  size of the vol, as scaled integer (default bytes)
    --allocation <string>  initial allocation size, as scaled integer (default b
ytes)
    --format <string>  file format type raw,bochs,qcow,qcow2,qed,vmdk
    --backing-vol <string>  the backing volume if taking a snapshot
    --backing-vol-format <string>  format of backing volume if taking a snapshot
    --prealloc-metadata  preallocate metadata (for qcow2 instead of full allocat
ion)
    --print-xml      print XML document, but don't define/create
```

图 3-24　存储卷管理命令运行结果

创建一个存储卷，并查看它的相关内容，命令如下。

```
sudo virsh vol-create-as default test1.qcow2 1G --format qcow2
sudo virsh vol-info test1.qcow2 default
```

在终端运行以上命令，得到的结果如图 3-25 所示。

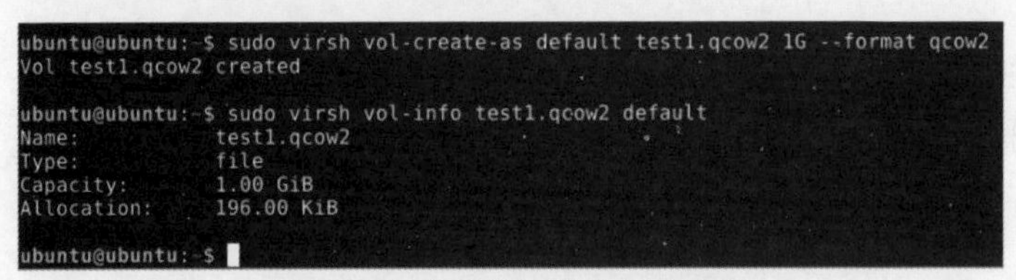

图 3-25　查看存储卷的相关内容

在 virt-manager 中可以通过存储池右侧的“Volumes”对存储卷进行管理，如图 3-26 所示。

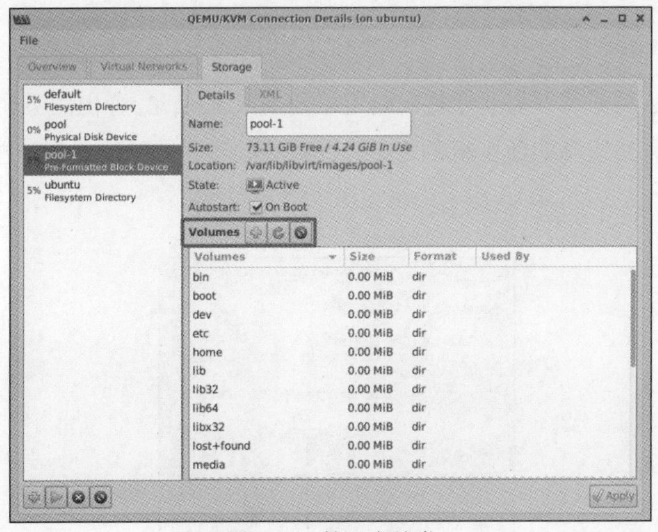

图 3-26　管理存储卷

使用磁盘启动虚拟机时会遇到虚拟机不能启动的情况，这时需要对磁盘文件进行检查，可以使用 guestfish 工具检查磁盘镜像文件的完整性。

使用以下命令，检查刚创建的 test1.qcow2 磁盘文件。

```
sudo guestfish --ro -a /var/lib/Libvirt/images/test1.qcow2
```

使用 run 命令检查，可以看到，磁盘文件无异常，如图 3-27 所示。

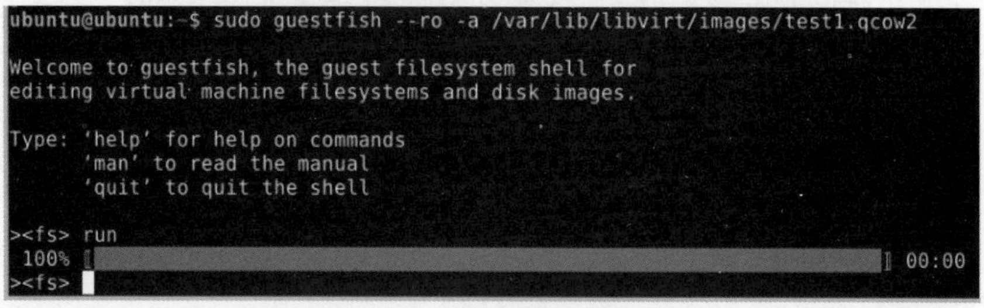

```
ubuntu@ubuntu:~$ sudo guestfish --ro -a /var/lib/libvirt/images/test1.qcow2

Welcome to guestfish, the guest filesystem shell for
editing virtual machine filesystems and disk images.

Type: 'help' for help on commands
      'man' to read the manual
      'quit' to quit the shell

><fs> run
 100% [                                                        ] 00:00
><fs>
```

图 3-27　磁盘文件无异常

3.4.3　使用 virt-manager 动态迁移虚拟机

动态迁移也叫热迁移。打开 Virtual Machine Manager，单击“File”，选择“Add Connection”新增连接，如图 3-28 所示。

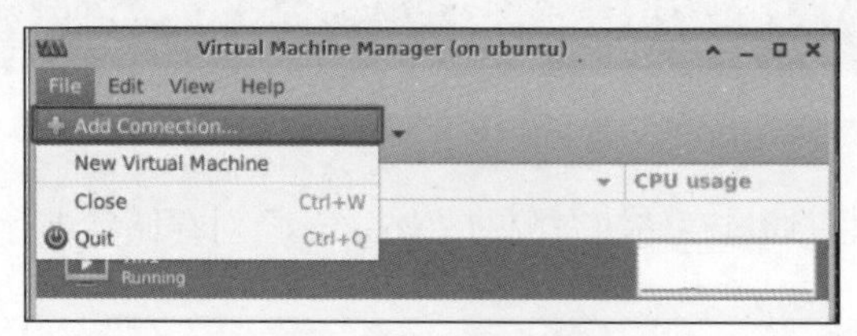

图 3-28　新增连接

在图 3-29 所示页面填写需要迁移的新主机 SSH 相关信息，弹出的页面如图 3-29 所示。在该页面上填写需要迁移的新主机的 Username、Hostname 等信息后，单击“Connect”，进行远程连接。

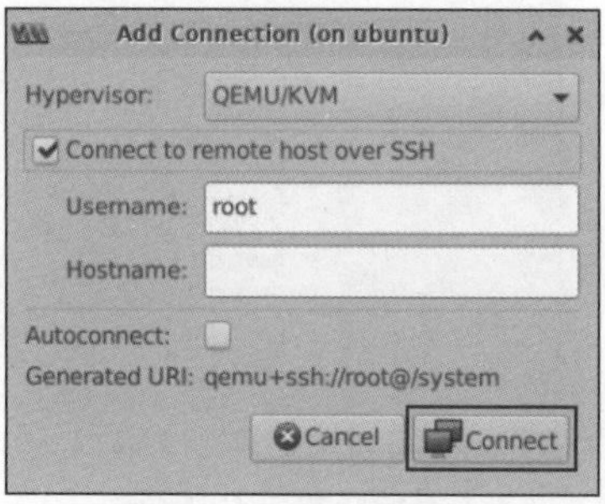

图 3-29　连接新主机

连接后的页面如图 3-30 所示。在该页面上用鼠标右键单击已创建的 vm1，在弹出的菜单中选择“Migrate”，这时弹出图 3-31 所示页面。

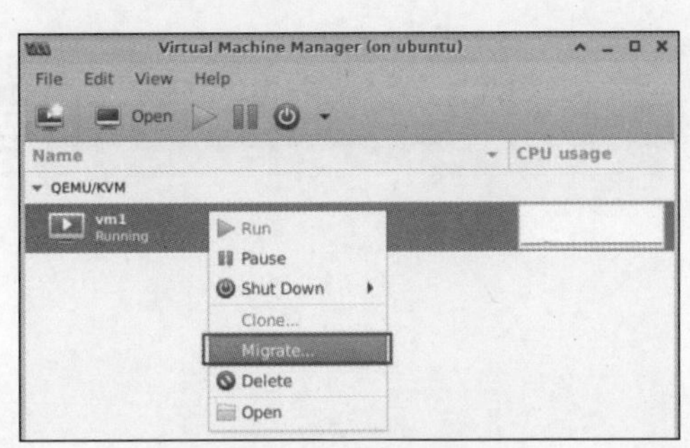

图 3-30　选择“Migrate”

在图 3-31 所示页面中，在“New host”下拉列表框中选择需要迁移的主机 IP 地址（图中没展示选项，读者如实选择即可），单击“Migrate”菜单后即可实现动态迁移。

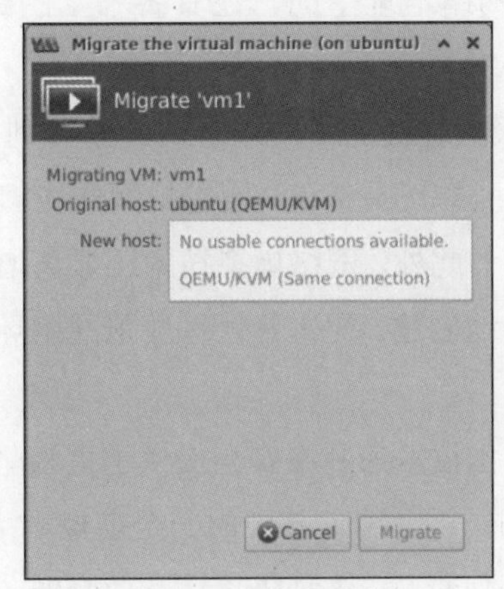

图 3-31　动态迁移

课后练习

1. 什么是 virt-manager？
2. virt-manager 的主要优势是什么？
3. 如何使用 virt-manager 创建虚拟机？
4. virt-manager 支持哪些虚拟化技术？

项目四 虚拟网络的配置和管理

网络虚拟化是一种在现有物理网络基础设施之上，运用虚拟化技术创建并管理多个在逻辑上完全隔离的虚拟网络环境的高级技术。这种技术充分利用了硬件资源的潜力，能够在同一个物理网络架构内并行运行多个独立的虚拟网络环境。每个这样的虚拟网络不仅拥有自己独享的网络地址空间，还具备独立的路由表以及一套完善的安全策略。

网络虚拟化技术的引入极大地提高了网络资源的整体利用率。在传统物理网络架构下，资源的分配往往较为固定且缺乏灵活性，而虚拟网络能够根据实际需求动态地调配网络资源，实现资源的高效利用。此外，网络虚拟技术还显著增强了网络的灵活性。用户可以根据不同的业务需求，轻松地创建、配置和管理虚拟网络环境，无须对物理网络进行大规模改动。

更为重要的是，网络虚拟化技术为网络安全提供了更为坚实的保障。由于各个虚拟网络环境在逻辑上是完全隔离的，因此即使其中的一个虚拟网络遭受到攻击或发生了故障，也不会对其他虚拟网络造成任何影响。这种隔离性有效降低了网络安全风险，为用户提供更为可靠和安全的网络环境。

网络虚拟化技术凭借其在提高资源利用率、增强网络灵活性和提升安全性方面的显著优势，正逐渐成为现代网络架构中不可或缺的组成部分。

4.1 学习目标

1．理解虚拟网络的基本概念与原理。

2．掌握虚拟网络的配置方法。

3．熟悉虚拟网络管理工具与命令。

4．培养虚拟网络配置管理的实际操作与解决问题能力。

4.2 项目描述

随着云计算、大数据、人工智能等技术的迅猛发展和广泛应用，虚拟化技术已经逐渐演变成现代 IT 基础设施中不可或缺的核心组成部分。它不仅极大推动了企业的数字化转型，还显著提高了 IT 资源利用率和业务响应速度。虚拟网络作为虚拟化技术的核心领域之一，它的配置与管理的效率和安全性更是直接关系并影响整个 IT 系统的稳定性、性能和可扩展性。

一个高效、安全且灵活的虚拟网络环境是企业实现业务连续性和创新发展的基石。鉴于此，本项目将通过全面优化虚拟网络的配置与管理流程，进一步提升网络资源的利用率、灵活性和安全性。

首先，本项目采用桥接、NAT 等不同的网络模式，确保虚拟机之间以及虚拟机与外部网络之间的有效通信。

其次，IP 地址的分配和管理也是本项目的重要内容。本项目将采用科学的 IP 地址规划方案，确保 IP 地址的高效利用和管理便捷性。

再次，虚拟网络设备的配置与管理同样至关重要。本项目将对虚拟交换机、虚拟网卡等关键设备进行配置和优化，以确保网络资源的充分利用和通信性能的最优化。同时，防火墙规则的设置也是保障虚拟网络安全的重要手段。本项目将根据业务需求和安全策略制定防火墙规则，以防止潜在的网络攻击和数据泄露。

最后，本项目将利用 KVM 等先进的虚拟管理工具，实现对虚拟网络的高效配置、实时监控和便捷维护。这些工具不仅能够降低管理成本，还能够显著提升虚拟化环境的稳定性和安全性。

4.3 相关知识

4.3.1　传统网络和虚拟网络

传统网络和虚拟网络是计算机网络领域两个至关重要且各具特色的概念，它们在架构设计、应用场景，以及管理方式等多个维度上存在显著差异。这些差异不仅体现了网络技术的演进，也反映了现代企业对网络灵活性、资源利用率和安全性需求的不断增强。传统网络和虚拟网络在架构、应用和管理等方面存在显著差异。传统网络以其稳定性和可靠性见长，而虚拟网络以其灵活性、资源利用率和安全性等方面的优势脱颖而出。在现代企业中，两者往往相互补充，共同构建出高效、安全且灵活的网络环境。

1. 传统网络

传统网络，又称物理网络，其构建基础是实体硬件设备，如路由器、交换机、光纤等。这些设备通过物理连接，形成了一套固定且相对封闭的网络架构。在传统网络中，信息的传输依赖实体介质，如电缆或光纤，而数据的交换遵循预定义的协议，如以太网协议。

在应用层面，传统网络主要服务于局域网（local area network，LAN）、广域网（wide area network，WAN）等特定场景，为企业内部或跨地域的通信提供支撑。由于其架构的固定性，传统网络在扩展性、资源分配灵活性方面存在一定的局限性。例如，当需要增加新的网络节点或调整网络拓扑时，企业往往需要进行复杂的物理硬件部署和配置。

在管理方面，传统网络依赖专门的 IT 团队进行维护和监控。管理员需要熟悉各类硬件设备的配置和管理，以确保网络的稳定运行。然而，随着网络规模的扩大和复杂度的增加，传统网络的管理成本也在上升。

（1）定义与特点

传统网络作为计算机网络领域的基础性概念，是指通过物理连接（如电缆、光纤等实体传输介质）将多个计算机系统和相关设备紧密地连接在一起，从而形成一个能够实现资源共享、信息传递以及多种网络通信功能的庞大的网络体系。

这一网络模式严格遵循 OSI 参考模型或 TCP/IP 模型等业界公认的网络协议架构。OSI 参考模型从物理层到应用层，每一层都承担着特定的通信任务，共同确保数据在不同设备和系统之间准确、高效、有序地传输。虽然 TCP/IP 模型更加简化，但同样有效地支持着现代网络通信。

传统网络的特点主要体现在以下几方面。

物理连接性：传统网络依赖实体硬件设备和物理连接来实现网络通信，这种物理连接性使网络具有较高的稳定性和可靠性。

协议标准化：遵循标准化的网络协议，确保不同厂商、不同型号的设备之间能够无缝通信，这提高了网络的兼容性和可扩展性。

资源共享：传统网络使得网络中的各个节点（如文件、打印机、数据库等）能够共享资源，极大地提高了资源的利用率和工作效率。

安全性：由于物理连接和协议标准化的限制，传统网络在安全性方面具有一定优势，能够较好地防止未经授权的访问和数据泄露。

然而，随着网络技术的不断发展和应用需求的日益多样化，传统网络在某些方面也面临着挑战。例如，在可扩展性、灵活性以及资源利用率等方面，传统网络可能无法满足现代企业对高效、动态、可配置的网络环境的需求。在保留传统网络优势的同时，人们也需要不断探索和创新，以适应未来网络技术的发展趋势。

（2）常见类型

传统网络根据覆盖范围、应用场景及功能特点，可以细分为多种类型，其中最为常见的包括 LAN、WAN 以及城域网（metropolitan area network，MAN）。

局域网是指覆盖有限地理范围（如单个办公室、楼层、校园或企业园区等）的网络，主要用于连接同一地理位置内的计算机、打印机、服务器等设备，以实现资源共享、文件传输、设备互联及通信等功能。它通常具有较高的数据传输速率和低时延，能够满足用户对高速、稳定网络通信的需求。

局域网技术多样，包括以太网、令牌环网、光纤分布式数据接口（fiber-distributed data interface，FDDI）等，其中，以太网因其高性价比、易扩展性和兼容性等优点，成为当前局域网领域的主流技术。局域网通常采用双绞线、光纤等物理介质进行连接，并通过交换机、路由器等设备进行网络拓扑的构建和管理。

广域网是指连接多个局域网或远程节点的网络，其覆盖范围通常跨越城市，甚至国家（地区）。广域网主要用于实现远距离的通信和数据传输，如企业总部与分支机构之间的连接、国际互联网等。

广域网技术复杂多样，包括公用电话交换网（public switched telephone network，PSTN）、综合业务数字网（integrated service digital network，ISDN）、异步传输模式（asynchronous transfer mode，ATM）、帧中继（frame relay，FR）以及 IP 网络，其中，IP 网络因其开放性、可扩展性和灵活性等优点，已成为当前广域网领域的主流技术。广域网通常依赖卫星、微波、光纤等通信介质进行远距离数据传输，并通过路由器、网关等设备进行网络互联和路由选择。

城域网是介于局域网和广域网之间的网络，其覆盖范围通常为一个城市或地区。城域网主要用于连接城市内部或周边地区的局域网和广域网节点，以实现城市范围内的资源共享、数据传输和通信服务。

城域网技术融合了局域网和广域网的特点，既具有局域网的高速、稳定特点，又具有广域网的远距离传输能力。城域网通常采用光纤、微波等通信介质进行数据传输，并通过城域网交换机、路由器等设备进行网络拓扑的构建和管理。随着宽带技术的发展和普及，城域网已成为现代城市信息化建设的重要基础设施之一。

简而言之，传统网络的常见类型包括局域网、广域网和城域网。这些网络类型各具特色，能够满足不同应用场景下的网络通信需求。随着网络技术的不断发展和创新，未来传统网络将朝着更高速度、更大带宽、更智能、更安全的方向发展。

（3）关键技术

传统网络能够高效、稳定地运行，离不开一系列关键技术的支持。下面介绍传统网络的 3 种关键技术：路由技术、交换技术、网络安全技术。

第一种技术是路由技术。它是传统网络中的关键技术之一，主要负责根据数据包的目标 IP 地址，将数据包从一个网络转发到另一个网络。路由器是实现路由功能的关键设备，能根据路由表中的信息对数据包的传输路径进行决策。路由技术不仅确保了数据包能够准确、高效地到达目标 IP 地址，还实现了不同网络之间的互联和通信。

在路由过程中，路由器会对数据包进行逐层解析和处理，直到找到目标网络或主机的具体 IP 地址。同时，路由器还会根据网络负载、路径质量等因素，选择最优的传输路径，以提高网络的传输效率和可靠性。此外，路由技术还支持动态路由协议，如开放最短通路优先（open shortest path first，OSPF）、边界网关协议（border gateway protocol，BGP）等，这些协议能够根据网络拓扑的变化，自动更新路由表，确保网络的持续连通性。

第二种技术是交换技术。它主要用于局域网内部的数据帧转发。交换机是实现交换功能的核心设备，通过维护 MAC 地址表快速定位并转发数据帧。当交换机接收到一个数据帧时，它会根据数据帧中的源 MAC 地址和目标 MAC 地址进行处理。如果目标 MAC 地址已存在于 MAC 地址表中，交换机将直接根据表中的信息，将数据帧转发到对应的目标端口。如果目标 MAC 地址不存在于 MAC 地址表，那么交换机将该数据帧广播到所有端口（除了接收端口），以寻找目标设备。一旦找到目标设备，交换机会更新 MAC 地址表，并记录该设备的 MAC 地址和端口信息。

交换技术具有高速、低时延的特点，能够显著提高局域网内部的通信效率和带宽利用率。同时，交换机还支持 VLAN 技术，可以将一个物理网络划分为多个逻辑网络，实现网络资源的灵活配置和管理。

第三种技术是网络安全技术。它对于保护传统网络免受恶意攻击至关重要。防火墙、入侵检测系统（intrusion detection system，IDS）、入侵防御系统（intrusion prevention system，IPS）等是网络安全技术的典型代表。

防火墙：网络的第一道防线，可根据预设的安全策略，对数据包的进出进行过滤和控制。防火墙可以阻止未经授权的访问和数据泄露，保护网络免受恶意攻击和病毒侵害。

IDS：通过监控网络流量和系统日志，检测并报告可疑行为或攻击事件。IDS 能够及时发现并响应网络中的潜在威胁，为网络安全提供预警和防护。

IPS：IPS 在 IDS 的基础上，增加了主动防御功能。当 IPS 检测到攻击事件时，它会立即采取措施阻止攻击，如丢弃恶意数据包、重置连接等。IPS 能够更有效地保护网络免受攻击侵害。

总体来说，路由技术、交换技术和网络安全技术是传统网络中的三大关键技术，它们共同支撑了传统网络的稳定运行和高效通信，为现代企业的信息化建设提供了坚实的网络基础。

2. 虚拟网络

虚拟网络是一种基于软件定义的网络架构，它利用虚拟化技术在物理网络之上构建出多个逻辑上隔离的网络环境。这些虚拟网络环境拥有各自独立的网络地址空间、路由表和安全策略，实现了网络资源的高效利用和灵活配置。

虚拟网络广泛应用于云计算、虚拟化数据中心等领域。通过虚拟网络，企业可以轻松实现网络资源的按需分配和动态调整，大大降低网络部署和管理的成本。同时，虚拟网络的隔离性也为多租户环境提供了强大的安全保障。

在管理方面，虚拟网络采用了更为先进和灵活的管理工具，这些工具不仅支持远程管理和自动化配置，还能够实现对网络状态的实时监控和预警。这不仅提高了管理效率，也降低了人为错误导致的网络故障风险。

（1）定义与特点

虚拟网络作为一种计算机网络形态，是指至少部分利用虚拟网络连接来构建的网络架构。这些虚拟连接与传统的物理连接截然不同，它们不依赖实体传输介质（如电缆、光纤等），而是依赖网络虚拟化技术。网络虚拟化技术通过软件层面的操作，将物理网络资源抽象化、池化，并根据实际需求进行动态分配和灵活调度。

虚拟网络的特点主要体现在以下几个方面。

高度的灵活性：虚拟网络能够根据业务需求和变化，快速构建、调整和优化网络架构。它允许企业在不改变物理网络基础设施的前提下，轻松实现网络的重新配置和扩展。这种灵活性使得企业能够迅速适应市场变化，提高业务响应速度。

强大的可扩展性：虚拟网络打破了物理网络的限制，能够根据需要动态地增加或减少网络资源。企业可以根据业务增长情况，随时扩展网络容量，确保网络始终满足业务需求。这种可扩展性降低了企业的网络建设和维护成本，提高了资源利用率。

卓越的安全性：虚拟网络通过逻辑隔离和访问控制等技术手段，为不同用户和业务提供了独立、安全的网络环境。它能够有效防止未经授权的访问和数据泄露，保护企业的敏感信息和业务资产。此外，虚拟网络还允许部署多种安全策略，如防火墙、IDS等，进一步增强网络的安全性。

资源的高效利用：虚拟网络通过共享物理网络资源，实现了资源利用的最大化。它允许多个虚拟网络环境在同一物理网络上运行，而不会相互干扰。这种资源的高效利用降低了企业的网络建设和运营成本，提高了整体经济效益。

虚拟网络以其高度的灵活性、强大的可扩展性、卓越的安全性和资源的高效利用等特点，成为现代计算机网络领域的重要组成部分。它为企业提供了更加灵活、高效、安全的网络环境，推动了企业信息化建设的快速发展。

（2）常见类型

虚拟网络作为现代计算机网络技术的重要组成部分，根据实现方式和应用场景的不同，可以分为多种常见类型。下面详细介绍两种主要类型。

基于协议的虚拟网络是通过特定的网络协议和技术来实现的，它们不依赖物理网络的结构，而是根据逻辑规则划分和管理网络资源。这类虚拟网络主要包括 VLAN 和虚拟专用网络（virtual private network，VPN）等。

VLAN：一种基于逻辑工作组划分的网络技术，可以将同一物理网络中的设备划分为不同的逻辑网络。VLAN 的划分方式多种多样，其中包括基于交换机端口的划分、基于 MAC 地址的划分、基于 IP 地址的划分等。通过 VLAN 技术，企业可以在不改变物理网络基础设施的前提下，实现网络的灵活配置和高效管理。VLAN 不仅提高了网络的性能和安全性，还降低了网络建设和维护的成本。

VPN：一种在公用网络上建立专用网络的技术，利用隧道协议和加密技术，在公共网络上实现远程安全通信。VPN 使得企业能够在不同地理位置之间建立安全的网络连接，实现数据的远程传输和共享，不仅提高了网络的灵活性和可扩展性，还增强了网络的安全性，保护了企业的敏感信息和业务资产。

基于虚拟设备的虚拟网络则是通过虚拟化技术，在物理服务器上创建虚拟网络设备，并在这些设备上构建独立的虚拟网络环境。这类虚拟网络主要依赖虚拟化平台（如虚拟机监视器）的支持。

在虚拟化平台中，企业可以创建多个虚拟机，并通过虚拟网络设备（如虚拟交换机、虚拟路由器等）将这些虚拟机连接起来，形成一个独立的虚拟网络环境。这种虚拟网络环境不仅具有高度的灵活性和可扩展性，还能够实现资源的最大化利用和成本的最小化。此外，基于虚拟设备的虚拟网络还支持多种网络协议和安全策略的实施，为企业提供更加安全、可靠的网络环境。

（3）关键技术

虚拟网络的关键技术涵盖了多个方面，这些技术共同构成了虚拟网络的核心，使其能够高效地运行和管理。以下是虚拟网络的几个关键技术。

①网络虚拟化技术是构建虚拟网络环境的基础。它通过在物理网络上模拟出多个逻辑网络，实现了网络资源的抽象、池化和动态分配。这些逻辑网络在物理网络上是隔离的，但它们可以共享物理网络的资源。网络虚拟化技术包括多个组件，如虚拟网卡、虚拟交换机等。

虚拟网卡：虚拟机上的网络接口卡，它允许虚拟机与物理网络或其他虚拟机进行通信。每个虚拟机都可以配置一个或多个虚拟网卡，以满足其网络通信需求。

虚拟交换机：一种将物理交换机划分为多个逻辑上独立的虚拟交换机的技术。每个虚拟交换机都可以有自己的交换表、VLAN 设置和策略控制。虚拟交换机能够提供更灵活的交换配置和管理，使得不同的用户或应用程序可以在同一物理交换机上实现隔离和安全通信。

这些组件共同协作，使得虚拟网络能够在物理网络上灵活地构建和管理。

②虚拟化管理平台是对虚拟网络环境进行集中管理和配置的关键工具，提供了丰富的功能，如对虚拟机的创建、删除、迁移、备份和恢复等，以及虚拟网络的配置和管理。常见的虚拟化管理平台包括 VMware vSphere、KVM 等。

VMware vSphere：提供全面的虚拟化解决方案，其中包括服务器虚拟化、存储虚拟化和网络虚拟化等。VMware vSphere 凭借强大的管理功能，使企业能够轻松地管理大量的虚拟机和虚拟网络。

KVM：一种开源的虚拟化技术，它基于 Linux 内核实现。KVM 提供了高效的虚拟化性能，并且与 Linux 生态系统紧密集成。KVM 作为开源虚拟化软件的代表，得到了广泛的关注和应用。

这些虚拟化管理平台不仅提供对虚拟网络环境的集中管理和配置功能，还支持多种虚拟化技术和协议，使得企业能够灵活地构建和管理自己的虚拟网络环境。

③在虚拟网络中，加密和认证技术是确保用户数据在公网上安全传输的关键。这些技术通过在数据传输过程中对数据进行加密和认证，防止了数据被窃取或篡改。

加密技术：一种将明文数据转换为密文数据的技术，使得未经授权的用户无法读取或理解数据。在虚拟网络中，常用的加密技术包括对称加密和非对称加密等。这些加密技术可以确保数据在传输过程中的机密性和完整性。

认证技术：一种验证用户身份的技术，它确保只有合法的用户才能访问虚拟网络资源。在虚拟网络中，常用的认证技术包括用户名和密码认证、数字证书认证等，这些认证技术可以确保用户身份的合法性和可信度。

VPN 是加密和认证技术的一个重要应用场景。通过 VPN 技术，企业可以在公共网络上建立安全的网络连接，实现远程用户或分支机构与企业内部网络之间的安全通信。VPN 使用加密技术和隧道协议，将用户的数据包封装在一个安全的通道中进行传输，从而确保了数据的安全性和隐私性。

网络虚拟化技术、虚拟化管理平台以及加密和认证技术是虚拟网络的三大关键技术。这些技术共同构成了虚拟网络的核心，使其能够高效地运行和管理，并为用户提供安全、可靠的网络环境。

3．传统网络与虚拟网络的比较

传统网络与虚拟网络的比较如表 4-1 所示。

表 4-1　传统网络与虚拟网络的比较

比较内容	传统网络	虚拟网络
定义与特点	通过物理连接实现资源共享和信息传递	通过网络虚拟化技术实现逻辑上的网络连接
常见类型	局域网、广域网、城域网	VLAN、VPN、基于虚拟设备的虚拟网络
关键技术	路由技术、交换技术、网络安全技术	网络虚拟化技术、虚拟化管理平台、加密和认证技术
灵活性	相对较低，受限于物理连接	较高，可以根据需求灵活构建虚拟网络环境
可扩展性	需要重新布线或增加硬件设备	可以通过软件配置实现快速扩展
安全性	依赖物理隔离和网络安全设备	可以通过虚拟网络隔离和加密技术提高安全性

综上所述，传统网络与虚拟网络在定义、特点、常见类型以及关键技术等多个维度上均展现出显著的差异，这些差异深刻影响了现代网络架构的设计与部署策略。

从定义上来看，传统网络主要依赖物理连接（如电缆、光纤等实体传输介质）来实现数据的传输与交换。而虚拟网络打破了这一限制，它利用先进的网络虚拟化技术，在物理网络之上构建逻辑上的网络架构，实现了网络资源的高效利用与灵活配置。

在特点方面，传统网络受限于物理基础设施，其扩展性和灵活性相对有限。相比之下，虚拟网络则凭借其高度的灵活性和可扩展性，能够根据业务需求快速调整网络架构，实现资源的动态分配与优化。此外，虚拟网络还通过逻辑隔离和访问控制等技术手段，提供了更加安全、可靠的网络环境，有效防止了数据泄露和非法访问等安全风险。

在常见类型上，传统网络往往以局域网、广域网等物理网络形态存在，而虚拟网络涵盖了基于协议的虚拟网络（如 VLAN、VPN）和基于虚拟设备的虚拟网络（如虚拟机监视器内部连接的虚拟机网络）等多种类型。这些类型的虚拟网络各有特点，能够满足不同应用场景下的需求。

在关键技术方面，传统网络主要依赖物理网络设备（如路由器、交换机）和传输协议（如 TCP/IP）来实现数据的传输与交换。虚拟网络依赖网络虚拟化技术、虚拟化管理平台以及加密和认证技术等关键技术，实现了网络资源的抽象、池化、动态分配以及安全传输。这些技术的不断发展与创新，为虚拟网络的广泛应用提供了有力支撑。

随着网络技术的不断进步和数字化转型的加速推进，虚拟网络因其高灵活性、可扩展性和安全性，在企业和组织中得到越来越多的关注与采用。虚拟网络不仅能够满足企业快速变化的业务需求，还能够降低网络建设和维护成本，提高资源利用率。未来，虚拟网络将在更多领域得到广泛应用，成为推动数字化转型和网络创新的重要力量。

4.3.2　虚拟网络模式

虚拟网络模式作为网络虚拟化技术的深度应用与实践，是在物理网络基础设施的坚实基础上，借助先进的软件解决方案或专用硬件设备的力量，精心打造的一种逻辑上独立且可配置的网络环境。这一模式的核心价值在于为用户提供了前所未有的灵活性，使他们能够在逻辑层面上轻松实现网络资源的隔离与自定义配置，从而精准地满足各种复杂多变的网络和应用场景需求。

在虚拟网络模式中，网络资源的逻辑隔离是关键。这意味着，尽管多个虚拟网络环境可能共享同一物理网络基础设施，但它们之间能够保持相互独立，互不干扰。这种隔离不仅确保了网络环境的稳定性和安全性，还为用户提供了极大的自由度，使他们能够根据自己的业务需求，灵活调整虚拟网络的结构、带宽分配、时延控制等关键参数，实现资源的定制化服务。

此外，虚拟网络模式还通过多层抽象技术，对物理网络资源的复杂性进行了有效隐藏。用户无须深入了解底层物理网络的细节，通过简洁直观的管理界面即可轻松实现对虚拟网络环境的配置与管理。这种抽象性不仅降低了网络管理的难度，还提高了资源的利用率和管理的效率。

在安全隔离方面，虚拟网络模式同样表现出色。每个虚拟网络环境都可以配置独立的安全策略和访问控制规则，从而有效防止不同业务之间的潜在冲突和数据泄漏风险。同时，通过集成先进的网络安全技术和工具（如防火墙、IDS、数据加密等），虚拟网络模式能够为用户提供全方位的安全保障。

多租户支持也是虚拟网络模式的一大亮点。在云计算、数据中心等应用场景中，虚拟网络模式能够轻松实现多租户环境的构建，为每个租户提供独立的虚拟网络环境和服务。这种多租户支持不仅提高了物理网络的利用率，还通过服务隔离机制保证了不同租户之间的隐私和独立性。

随着网络技术的不断进步和应用场景的不断丰富，虚拟网络模式的管理也越来越趋向于自动化和智能化。通过集成先进的网络管理工具和算法，虚拟网络模式能够实现对网络资源的自动配置、监控和优化，从而进一步提高网络运维的效率和质量。同时，智能化技术的应用也使得虚拟网络模式能够更准确地预测和应对网络故障和攻击，为用户提供更加可靠和安全的网络环境。

虚拟网络模式凭借其逻辑隔离、资源定制、多层抽象、安全隔离、多租户支持以及自动化和智能化的管理等优势，成为现代网络架构的重要组成部分。它不仅为用户提供了前所未有的灵活性和自由度，还推动了网络技术的不断创新和发展。随着技术的不断进步和应用场景的不断丰富，虚拟网络模式将在未来发挥更加重要的作用，为数字化转型和网络创新提供强有力的支持。

1. 定义与目的

虚拟网络是在现代交换式网络技术的基础上，通过高度智能化的管理软件精心构建而成的。它不仅仅是简单的网络连接，更是能够跨越不同物理网段、无缝融合多种网络类型的端点与端点之间的逻辑网络架构。在这个虚拟的网络环境中，物理网络的复杂性和局限性被极大地简化与超越，取而代之的是一个灵活、高效且易于管理的逻辑网络空间。

创建与部署虚拟网络的目的是实现网络资源的灵活部署、高效管理和持续优化，从而全面提升网络的可用性、可扩展性和安全性。具体而言，虚拟网络的目的包括但不限于以下几个方面。

（1）灵活部署

虚拟网络允许用户根据业务需求，在逻辑层面上自由配置网络资源，如带宽、时延、结构等。这种灵活性使得网络资源能够迅速响应业务变化，实现资源的动态分配和优化，为业务的快速发展提供有力支持。

（2）高效管理

通过虚拟网络，管理员可以集中管理多个物理和虚拟网络环境中的资源，实现资源的统一监控、配置和故障排查。这种集中管理方式不仅提高了管理效率，还降低了管理成本，为网络的稳定运行提供了有力保障。

（3）优化性能

虚拟网络能够根据不同的应用场景和业务需求，智能地调整网络资源，实现网络流量的均衡分布和高效传输。这种优化策略不仅提高了网络的吞吐量和响应时间，还降低了网络拥堵和时延，提高整体网络的性能。

（4）提升可用性

虚拟网络通过实现网络资源的冗余备份和故障切换机制，确保网络的高可用性。即使网络出现故障或进行维护，网络管理员也能通过快速切换至备用资源，确保业务的连续性和稳定性。

（5）增强可扩展性

虚拟网络能够轻松扩展网络规模，满足业务增长的需求。无论是增加新的网络节点、扩展网络覆盖范围，还是引入新的网络技术和应用，虚拟网络都能迅速适应并提供支持。

（6）保障安全性

虚拟网络通过实施严格的安全策略和访问控制机制，确保网络环境的安全性。它能够有效防止未经授权的访问和数据泄露，保护业务数据的机密性和完整性。

2．主要模式

虚拟网络在虚拟化技术中占据着举足轻重的位置。它为虚拟机提供了与物理网络交互的多种方式。尽管虚拟网络模式繁多，但以下几种模式因其广泛应用和独特优势而备受瞩目。

（1）桥接模式

在桥接模式下，虚拟机与宿主机被置于同一物理网络段中，它们仿佛是直接连接在同一台交换机上的独立设备。为了实现这一连接，用户需要手动为虚拟系统配置 IP 地址、子网掩码等网络参数，以确保它能够与宿主机及其他网络设备正常通信。

优点：桥接模式的直接性和便捷性使得虚拟机能够直接访问宿主机所在的网络，无须经过任何额外的网络转换或路由过程。这一特点让虚拟机在测试和部署阶段能够轻松融入现有的网络环境，便于开发人员和测试人员对网络应用进行实时的调试和验证。

缺点：桥接模式面临 IP 地址资源有限的问题。由于虚拟机与宿主机共享同一物理网络段，因此当虚拟机数量较多时，IP 地址的分配和管理变得尤为复杂。此外，IP 冲突的风险也随之增加，可能导致网络通信的故障和不稳定。

（2）NAT 模式

NAT 模式通过网络地址转换技术，为虚拟机分配一个虚拟的 IP 地址，该地址与宿主机的 IP 地址不在同一网段内。虚拟机在访问外部网络时，需要借助宿主机的 IP 地址进行网络地址转换，以实现与外部网络的通信。

优点：NAT 模式能够节省 IP 资源和简化网络配置。由于虚拟机使用虚拟 IP 地址，因此无须为每台虚拟机分配独立的公网 IP 地址，从而大大节省了 IP 地址资源。同时，NAT 模式还简化了网络配置过程，降低了网络管理的复杂性。

缺点：虚拟机在访问外部网络时需要经过宿主机的网络地址转换，可能会增加网络时延和复杂性。此外，NAT 模式还可能引入额外的安全风险，需要用户采取额外的安全措施来保障网络通信的安全性。

（3）仅主机模式

在仅主机模式下，虚拟机被分配一个独立的网络身份，这个身份通常体现为一个公网 IP 地址（尽管在实际使用中可能通过宿主机共享 IP 地址或私有网络实现）。这一模式使得虚拟机相当于一台完全独立的主机，能够与其他网络设备进行独立的网络通信。

优点：仅主机模式的独立性和灵活性使得虚拟机具有独立的网络身份和配置，便于进行独立的网络测试和应用部署。这一特点使得虚拟机能够轻松融入各种复杂的网络环境，满足用户对网络隔离和独立性的需求。

缺点：仅主机模式也需要额外的网络配置和管理。用户需要为每台虚拟机配置独立的网络参数和路由规则，以确保它能够与其他网络设备进行正常的通信。此外，虚拟机之间的通信可能受到限制，需要用户采取额外的措施来实现虚拟机之间的互联互通。

（4）隔离模式

隔离模式是一种高度隔离的网络环境，其中虚拟机之间组建了一个独立的网络，但无法与宿主机或其他网络通信。这一模式相当于虚拟机只是连接到一台交换机上，形成了一个封闭的网络环境。

应用场景：隔离模式通常用于需要高度隔离的网络环境，如测试特定网络协议或应用程序等。在这一模式下，虚拟机之间可以相互通信，但无法与外部网络进行交互。这一特点使得用户能够在不受外部网络干扰的情况下，对特定的网络应用进行深入的测试和验证。

3. 技术实现

虚拟网络模式的实现，离不开一系列先进的网络虚拟化技术的支撑。这些技术不仅推动了网络架构的革新，还极大地提升了网络资源的灵活性和可扩展性。以下是对几种关键技术的详细阐述。

（1）SDN

软件定义网络（software defined network，SDN）是一种创新的网络体系结构，其核心理念是将网络的控制平面与数据传输平面进行分离。在这种结构下，控制平面负责网络资源的配置、管理和优化，数据传输平面专注于数据包的转发和传输。这种分离使得网络管理员能够通过软件编程的方式，灵活地配置和管理网络资源，实现网络流量的智能调度和优化。

SDN 的实现依赖一系列标准化的接口和协议，如 OpenFlow、NETCONF 等。这些接口和协议使得控制平面能够实时地获取网络状态信息，并根据业务需求进行动态调整。同时，SDN 还支持多租户环境，使得不同用户能够共享同一物理网络基础设施，同时又能保持各自网络的独立性和安全性。

通过 SDN 技术，企业可以轻松地实现网络资源的自动化配置和管理，提高网络的可靠性和性能。此外，SDN 还支持网络服务的快速部署和升级，降低了网络运维的复杂性和成本。

（2）NFV

网络功能虚拟化（network functions virtualization，NFV）技术将传统网络中的硬件设备功能进行虚拟化，将它们转换为运行在通用硬件平台上的软件服务。这些软件服务可以通过虚拟机或容器等虚拟化技术来实现，从而摆脱对专用硬件设备的依赖。

NFV 技术的优势在于其灵活性和可扩展性。通过虚拟化，企业可以轻松地实现网络功能的按需部署和扩展，无须购买和部署大量的硬件设备。此外，NFV 还支持网络功能的自动化配置和管理，降低了网络运维的复杂性和成本。

在 NFV 架构下，网络功能被封装为独立的虚拟网络服务。这些服务可以像应用程序一样进行部署和管理。这种封装使得网络功能更加灵活和可定制，并可以根据业务需求进行动态调整和优化。

（3）SD-WAN

软件定义的广域网（software defined wide area network，SD-WAN）专注于优化企业分支机构之间的网络连接。通过软件定义的方式，SD-WAN 可以实现网络流量的智能调度和优化，提高网络性能和降低成本。

SD-WAN 利用多种广域网连接技术构建企业的广域网架构。通过智能的路由和流量调度算法，SD-WAN 可以根据网络状况和业务需求，动态选择最佳的连接路径和传输方式。这种智能调度不仅提高了网络的可靠性和性能，还降低了企业的网络成本。

此外，SD-WAN 还支持多种安全功能，如防火墙、入侵检测，可以为企业提供全面的网络安全保障。通过 SD-WAN 技术，企业可以轻松地实现广域网的自动化配置和管理，提高网络的灵活性和可扩展性。

4. 应用场景

虚拟网络模式作为一种创新的技术手段，在多个领域和应用场景中发挥着重要作用。

（1）数据中心网络

在数据中心网络中，虚拟网络模式的应用尤为广泛。通过虚拟网络技术，数据中心可以实现资源的灵活调度和管理，从而提高资源利用率和运营效率。具体来说，虚拟网络可以将数据中心内的物理网络资源进行抽象和池化，形成一个统一的资源池。管理员可以根据业务需求，动态地分配和释放网络资源，实现资源的弹性扩展和按需使用。此外，虚拟网络还支持多租户环境，使得不同租户能够共享同一物理网络基础设施，同时保持各自网络的独立性和安全性。

（2）云计算

云计算是当前信息技术领域的热门话题，而虚拟网络模式在其中扮演着至关重要的角色。云计算平台通过提供隔离的虚拟网络环境，为用户的数据安全和隐私提供有力保障。在云计算环境中，每个用户都可以获得一个独立的虚拟网络环境，其中包括虚拟交换机、虚拟路由器等网络元素。这些虚拟网络元素与用户的虚拟机实例紧密集成，形成一个完整的虚拟网络架构。通过这种方式，用户可以自由地配置和管理自己的网络，无须担心与其他用户的网络发生冲突或泄露敏感信息。

（3）企业网络

企业网络是虚拟网络模式的又一个重要应用领域。随着企业业务的不断发展和分支机构的不断增加，企业网络面临着越来越复杂的挑战。虚拟网络模式可以为企业网络提供灵活的连接和扩展能力，支持远程办公、分支机构互联等多种场景。通过虚拟网络技术，企业可以轻松地实现跨地域、跨网络的互联互通，提高网络的可靠性和性能。

（4）物联网

物联网是新一代信息技术的重要组成部分，虚拟网络模式在其中的应用也日益广泛。物联网设备数量庞大、种类繁多，且分布广泛，虚拟网络模式可以为这些设备提供高效、安全的网络连接。具体来说，虚拟网络可以将物联网设备划分为不同的虚拟网络区域，实现设备之间的隔离和互操作。同时，虚拟网络还支持多种通信协议和传输方式，可以适应不同设备和场景的需求。通过这种方式，物联网设备可以更加便捷地接入网络，实现数据的采集、传输和处理。

5. 未来发展趋势

随着云计算、大数据、人工智能等技术的持续演进，虚拟网络模式正步入一个全新的发展阶段，展现出更加多元化和智能化的特点。虚拟网络模式在未来的发展体现在以下几方面。

（1）容器化网络虚拟化

容器化技术以其轻量级、可移植性和高效资源利用等优势，正在逐步改变应用程序的部署和管理方式。容器与网络虚拟化的结合，可以进一步提升网络部署的灵活性和效率。未来，虚拟网络模式将更多地采用容器化技术，实现网络服务的快速部署、动态扩展和智能管理。这种结合不仅能够简化网络架构，降低运维成本，还能提升网络服务的可用性和可扩展性，为业务的快速发展提供有力保障。

（2）与5G和边缘计算融合

随着5G技术的商用化进程加速，以及边缘计算技术的兴起，虚拟网络模式将迎来新的发展机遇。5G技术以其高速、低时延和广覆盖的特点，为边缘设备和边缘应用提供了强大的网络支持。边缘计算则通过将计算能力下沉到网络边缘，实现了数据的就近处理和快速响应。未来，虚拟网络模式将与5G和边缘计算深度融合，为边缘设备和边缘应用提供高速、低时延、安全可靠的网络服务。这将有助于推动物联网、智能制造、智慧城市等领域的快速发展。

（3）智能化网络资源管理

人工智能（artificial intelligence，AI）技术的快速发展为虚拟网络模式的智能化管理提供了可能。通过引入AI技术，虚拟网络可以实现网络资源的智能化分配、调度和优化。AI算法可以根据网络流量、设备状态和业务需求等因素，实时调整网络配置和策略，提高网络资源的利用率和性能。同时，AI技术还可以帮助虚拟网络实现故障预测、自动修复和智能运维等功能，降低运维成本和提高服务质量。

（4）加强安全性和隐私保护

随着网络攻击和信息泄露事件的频发，虚拟网络模式的安全性和隐私保护问题日益凸显。未来，虚拟网络将更加注重安全性和隐私保护技术的研发和应用。通过引入加密技术、身份验证和访问控制机制等安全措施，虚拟网络可以为用户提供更加安全、可靠的网络环境。同时，虚拟网络还将加强与其他安全技术的整合和协同，形成全方位的安全防护体系。

（5）跨云平台互操作性

随着云计算市场的不断发展和竞争加剧，跨云平台互操作性成为一个亟待解决的问题。未来，虚拟网络模式将积极推动跨云平台互操作性的发展，制定统一的标准和接口，实现不同云平台之间的虚拟网络互联互通。这将有助于打破云平台之间的壁垒，促进云计算资源的共享和协同，为用户提供更加灵活、便捷的云服务体验。

未来，虚拟网络模式将呈现多元化的发展趋势，如容器化，与5G和边缘计算融合，智能化管理，加强安全性和隐私保护，以及跨云平台互操作性等。这些趋势将推动虚拟网络模式不断向前发展，为构建更加高效、智能、安全的网络环境提供有力支撑。

4.3.3 虚拟网络设备 veth-pair

作为Linux中独特且关键的虚拟网络接口设备，虚拟网络接口设备veth-pair呈现出成对出现的特性。这一对设备在网络虚拟化中发挥着举足轻重的作用，它们被巧妙地用来模拟真实世界中的网线连接，但完全依赖软件层面的实现，不需要物理媒介的介入。每一对veth-pair包含两个相互关联的虚拟网络接口，它们之间通过一种虚拟的连接机制进行数据传输。这种机制使得数据包能够在两个接口之间高效流通，不需要经过物理网络硬件的转发。

此外，veth-pair还经常用于构建复杂的虚拟网络拓扑。例如，在虚拟机技术中，可以利用veth-pair将虚拟机接入主机所在的网络环境，从而实现虚拟机与外部网络的通信。同时，结合其他网络虚拟化技术，如虚拟交换机、虚拟路由器等，我们可以进一步扩展虚拟网络的规模和功能。

1．定义与功能

（1）定义

veth-pair的全称为Virtual Ethernet Pair，虚拟以太网对，是一种在Linux中成对出现的虚拟网络接口设备。它们犹如一对无形的网线，虽然并非存在于物理层面，但在逻辑上能够像真实网线一样连接两个网络组件或命名空间（namespace）。这种虚拟化的网络接口设计使得网络架构更加灵活多变，无须依赖物理硬件即可实现复杂的网络连接。

（2）功能

veth-pair的核心功能是实现不同网络组件或命名空间之间的无缝通信。在Linux中，命名空间是一种用于隔离网络资源的机制，它允许在同一台物理机上运行多个相互独立的网络环境。而veth-pair正是连接这些独立网络环境的桥梁。通过veth-pair，我们可以轻松地将两个命名空间直接连接起来，使它们之间能够自由交换数据包。这种连接机制不仅提高了网络资源的利用率，还显著增强了网络环境的灵活性和可扩展性。例如，在容器化技术中，veth-pair普遍用于实现容器与主机或其他容器之间的网络通信。通过为容器分配独立的IP地址和路由信息，并结合veth-pair的连接机制，我们可以为容器构建一个相对独立且安全的网络环境，从而满足各种应用场景的需求。此外，veth-pair还常用于构建复杂的虚拟网络拓扑，如VLAN、VPN等。在这些应用场景中，veth-pair作为连接不同网络组件的桥梁，为虚拟网络环境的构建提供强有力的支持。

2. 工作原理

（1）数据包传输

在 veth-pair 的工作机制中，数据包传输是一个核心环节。当数据包从一端的 veth 设备（称为端点 A）发送时，这个数据包会被立即且自动地传输至与之配对的另一端的 veth 设备（称为端点 B），就像用一根无形的物理网线连接两台设备一样高效和直接。这种传输方式不仅降低了数据包在网络中的传输时延，还提高了网络的整体性能。

在传输过程中，数据包会保持原有的格式和内容，不会因传输而发生任何改变，这意味着数据包在到达端点 B 时，仍然可以被正确地识别和处理。这种传输机制使 veth-pair 成为连接不同网络组件或命名空间的理想选择。

（2）命名空间隔离

Linux 的命名空间机制是一种用于隔离资源的强大工具，它允许在同一台物理机上运行多个相互独立的网络环境。每个命名空间都有自己独立的网络堆栈，其中包括网络接口、路由表、防火墙规则等。这种隔离机制确保了不同命名空间之间的网络通信不会相互干扰，从而提高了网络的安全性和稳定性。

veth-pair 的工作原理与命名空间的隔离机制紧密相关。它允许这些独立的网络堆栈之间进行通信，而不会破坏命名空间的隔离性。具体来说，当一个数据包从端点 A 发送到端点 B 时，它会先经过端点 A 所在命名空间的网络堆栈处理，再通过 veth-pair 传输到端点 B。在端点 B 接收到数据包后，它会再次经过所在命名空间的网络堆栈处理，最终到达目标应用程序。

这种通信机制不仅保证了数据包在传输过程中的安全性和完整性，还使得不同命名空间之间的网络通信更加灵活和可控。例如，我们可以通过配置路由规则和防火墙规则来控制数据包在不同命名空间之间的传输，从而实现精细化的网络管理和优化。

3. 应用场景

（1）容器网络

在 Docker、Kubernetes 等容器化平台中，veth-pair 作为实现容器之间网络隔离和通信的关键组件，发挥着至关重要的作用。每个容器在启动时会被分配一个或多个 veth 设备，这些设备通过 veth-pair 与宿主机的网络堆栈相连，形成一个相对独立的网络环境。

具体来说，当容器需要与其他容器或外部网络进行通信时，数据包会从容器的网络接口（通常是一个虚拟以太网接口）发出，之后通过 veth-pair 传输到宿主机的网络堆栈。在宿主机上，数据包会经过一系列的处理，如路由、防火墙过滤等，最终被发送到目标地址。

由于每个容器都有自己独立的网络堆栈和 veth 设备，因此它们之间的网络通信是相互隔离的，这确保了容器之间不会相互干扰，提高了网络的安全性和稳定性。同时，通过配置路由规则和防火墙规则，我们可以进一步控制容器之间的网络通信，实现精细化的网络管理和优化。

（2）虚拟网络拓扑

在复杂的虚拟网络环境中，veth-pair还可以用于构建虚拟网络拓扑，如连接Linux Bridge、Open vSwitch（OVS）等虚拟交换机设备。这些虚拟交换机设备是构建虚拟网络基础设施的关键组件，它们通过veth-pair与各个虚拟机或容器相连，实现虚拟网络之间的通信。

具体来说，我们可以将veth-pair的一端配置（连接）在虚拟机或容器的网络接口上，另一端连接到虚拟交换机的接口上。这样，当虚拟机或容器需要与其他虚拟机或外部网络进行通信时，数据包就会通过veth-pair传输到虚拟交换机，然后由虚拟交换机根据路由规则将数据包发送到目标地址。

利用veth-pair构建虚拟网络拓扑，可以轻松地实现虚拟网络之间的连接和通信，满足各种复杂应用场景的需求。同时，由于虚拟交换机设备提供了丰富的网络功能和性能优化选项，因此我们可以根据实际需求对虚拟网络进行精细化的配置和管理。

4．创建与使用

（1）创建veth-pair

在Linux中，创建veth-pair的过程相对简单且直接。我们可以使用ip命令的link add子命令，并指定type veth参数来创建一个虚拟以太网对。例如，执行命令ip link add veth0 type veth peer name veth1，系统会立即生成一对名为veth0和veth1的虚拟网络接口设备，这对设备就像是一根无形的网线连接的两端，可以在它们之间传输数据包。

值得注意的是，在创建veth-pair时，系统会根据指定的名称自动生成配对的设备名称。在上面的例子中，我们指定了veth0作为第一个设备的名称，系统则自动将配对的设备命名为veth1。当然，我们也可以根据需要自定义设备的名称，在命令中指定即可。

（2）配置命名空间

在创建完veth-pair之后，我们通常需要将它们配置到不同的命名空间中，以实现网络隔离和通信。这时，我们可以使用ip netns命令来创建和管理命名空间。例如，执行ip netns add ns1命令可以创建一个名为ns1的命名空间。

如果需要将veth-pair中的某个设备移动到指定的命名空间中，这可以通过ip link set命令来实现。例如，执行ip link set veth0 netns ns1命令，可以将veth0设备移动到ns1命名空间中。此时，veth0和veth1设备位于不同的命名空间中，它们之间的通信需要通过虚拟网络来进行。

（3）配置IP地址

在将veth设备配置到指定的命名空间之后，我们还需要为它们分配IP地址，以便进行网络通信，这可以通过ip addr add命令来实现。例如，在ns1命名空间中，我们可以执行 ip addr add 192.168.1.1/24 dev veth0 命令，为 veth0 设备分配一个 IP 地址。同样地，在另一个命名空间中，我们也可以为 veth1 设备分配一个 IP 地址。

（4）启用设备

在分配完 IP 地址之后，我们还需要使用 ip link set up 命令启用设备。例如，在 ns1 命名空间中，执行 ip link set up veth0 命令可以启用 veth0 设备。同样地，我们也需要在另一个命名空间中使用同样的命令启用 veth1 设备。

创建和使用 veth-pair 的过程包括创建虚拟网络接口设备、配置命名空间以及为设备分配 IP 地址和启用设备等步骤。通过这些步骤，我们可以轻松构建复杂的虚拟网络环境，满足各种应用场景的需求。

5．注意事项

在使用 veth-pair 时，有几个重要事项需要关注，以确保网络的稳定性和性能。

（1）ARP 请求

在使用 veth-pair 连接不同命名空间时，我们可能会遇到地址解析协议（add resolution protocol，ARP）请求无法正确响应的问题。ARP 请求是用于将网络层协议地址（如 IPv4 地址）解析为数据链路层地址（如以太网 MAC 地址）的一种机制。如果 ARP 请求没有得到正确响应，那么数据包可能无法被正确地路由到目标地址。

上述问题通常是系统参数配置不当导致的。为了解决这个问题，我们可以检查并调整 /proc/sys/net/ipv4/conf/目录下的相关参数，例如，arp_ignore 和 arp_filter 等参数，它们可能会影响 ARP 请求的处理方式。通过调整这些参数，我们可以确保 ARP 请求得到正确的处理，从而避免出现网络通信问题。

（2）性能瓶颈

虽然 veth-pair 提供了灵活的网络隔离和通信能力，但在高性能要求的场景下，其性能可能无法满足需求。特别是在大规模虚拟化环境中，veth-pair 可能会成为网络通信的瓶颈。

在这种情况下，我们可能需要考虑使用更高效的虚拟化网络技术，如单根 I/O 虚拟化（SR-IOV）等。SR-IOV 允许虚拟机直接访问物理网络接口，从而减少了虚拟化层带来的性能损耗，提高网络通信的性能，满足高性能应用场景的需求。

综上所述，veth-pair 是 Linux 中一种重要的虚拟网络接口设备，它为实现不同命名空间之间的通信提供了便利。然而，在使用 veth-pair 时，我们需要注意 ARP 请求的处理以及性能瓶颈问题。通过合理配置系统参数和选择适当的虚拟化网络技术，我们可以确保 veth-pair 在构建和管理虚拟网络环境时发挥最佳性能。

此外，还需要注意的是，在使用 veth-pair 进行网络通信时，我们应该始终关注网络的安全性。通过配置防火墙规则、使用加密技术等手段确保网络通信的机密性、完整性和可用性。同时，我们也应该定期检查和更新系统配置，以应对可能出现的网络威胁和安全漏洞。

4.3.4 分布式虚拟交换机

分布式虚拟交换机是虚拟化技术的一个核心组件，其重要性不言而喻。它运用分布式虚拟化技术模拟物理交换机的核心功能，能够在虚拟化服务器环境中，实现数据的高效、有序传输，以及对网络的精细管理。

分布式虚拟交换机的设计初衷是解决传统虚拟化环境中网络性能瓶颈和管理复杂问题。在虚拟化技术日益普及的今天，大量的虚拟机需要在同一物理服务器上运行，它们之间的网络通信需求也愈发旺盛。仍然依赖传统的网络交换方式不仅会造成网络时延的增加，还可能引发网络拥堵，严重影响虚拟机的性能和用户体验。

分布式虚拟交换机的引入有效地突破了网络性能瓶颈。它通过将交换机的功能虚拟化，并将这些功能分布到多台物理服务器上，实现了网络流量的分布式处理。这样，即使在大规模的虚拟化环境中，分布式虚拟交换机也能够保证数据的高速传输和低时延响应，从而满足各种高性能应用的需求。

此外，分布式虚拟交换机还提供了丰富的网络管理功能。它允许管理员对虚拟网络进行精细化的配置和监控，例如设置访问 ACL、配置 VLAN 等，以确保网络的安全性和灵活性。同时，分布式虚拟交换机还支持自动化的网络部署和故障恢复，大大降低了网络管理的复杂性和运维成本。

值得一提的是，分布式虚拟交换机还能够与各种虚拟化平台和云管理平台无缝集成，为用户提供一体化的虚拟化解决方案，这使得用户能够更加便捷地管理和优化自己的虚拟网络环境，进一步提升业务的灵活性和可扩展性。

分布式虚拟交换机作为虚拟化技术的重要组成部分，不仅实现了与物理交换机相似的功能，在性能、管理和集成性方面也展现出了显著优势。它的出现为虚拟化环境的网络通信提供了新的解决方案，也为云计算和大数据等前沿技术的发展奠定了坚实的基础。

1. 定义与功能

（1）定义

分布式虚拟交换机是一种先进的虚拟网络设备，其核心优势在于能够在多台物理主机上分布式地部署和管理虚拟交换机。这种设计使得分布式虚拟交换机能够高效地处理虚拟机之间的网络通信，满足虚拟机与外部物理网络之间的连接需求。通过分布式虚拟交换机，虚拟化环境中的网络通信得到了极大的优化和简化。

（2）功能

分布式虚拟交换机的功能丰富且强大，主要体现在以下几个方面。

高效的数据传输与管理：分布式虚拟交换机利用分布式虚拟化技术的优势，实现了虚拟机之间数据的高效传输和管理。通过智能的流量调度和负载均衡机制，分布式虚拟交换机能够确保虚拟机之间的网络通信畅通无阻，同时降低网络时延和带宽占用。这种高效的数据传输能力，为虚拟化环境中的高性能应用提供了坚实的网络基础。

网络配置一致性：在虚拟化环境中，虚拟机可能会因为资源调度或负载均衡的需求而跨主机迁移。分布式虚拟交换机能够确保在迁移过程中，虚拟机的网络配置保持一致性和连续性，这意味着无论虚拟机迁移到哪台主机上，其网络连接和通信都不会受到影响，这保证了虚拟化环境的稳定性和可靠性。

统一管理与安全：分布式虚拟交换机提供了统一的管理界面，使得系统管理员能够方便地对多台主机上的虚拟交换机进行集中配置和维护。这种统一的管理方式不仅降低了管理成本，还提高了管理效率。同时，分布式虚拟交换机还具备强大的安全功能，能够增强数据的安全性和稳定性。它支持虚拟机迁移过程中的数据完整性校验和加密传输，以及高可用性数据容灾等功能，为虚拟化环境中的数据保护提供了有力的保障。

此外，分布式虚拟交换机还支持多种网络协议和网络结构，能够适应不同虚拟化环境，满足多种业务需求。它还可以与其他虚拟化技术和云管理平台进行无缝集成，为用户提供更加灵活、可扩展的虚拟化解决方案。

分布式虚拟交换机作为一种先进的虚拟网络设备，在虚拟化环境中发挥着至关重要的作用，其高效的数据传输与管理能力、网络配置一致性、统一管理与安全等功能，为虚拟化环境的网络通信和数据保护提供了坚实保障。

2．工作原理

分布式虚拟交换机基于其独特的分布式架构和高效的网络流量转发机制，确保了虚拟化环境中网络通信的顺畅和高效。

（1）分布式架构

分布式虚拟交换机的核心优势在于其分布式架构，这一架构将虚拟交换机的功能巧妙地分布到多台物理主机上，每台主机上都运行着一个分布式虚拟交换机实例。这些分布式虚拟交换机实例不仅负责处理各自主机上虚拟机的网络通信需求，还通过分布式协议与其他分布式虚拟交换机实例保持紧密的通信和协调。这种分布式的设计使得分布式虚拟交换机能够高效管理大规模虚拟化环境中的网络通信，同时降低单点故障的风险，提高整个系统的稳定性和可靠性。

（2）网络流量转发

当虚拟机发送或接收网络流量时，分布式虚拟交换机会立即介入并检测流量的目的地，这一过程依赖分布式虚拟交换机对网络配置和路由规则的深入理解。一旦确定了流量的目的地，分布式虚拟交换机会根据预设的路径和策略，将流量转发到正确的目的地。

对于处于同一主机上的虚拟机之间的流量，分布式虚拟交换机可以直接在主机内部进行转发，无须经过物理网络，从而降低了网络时延和带宽占用。而对于跨主机的流量，分布式虚拟交换机则利用物理网络或虚拟网络隧道（如 VXLAN 等）进行传输。这些隧道技术能够在物理网络之上构建一个逻辑上的虚拟网络，使得跨主机的虚拟机之间能够像在同一局域网内一样进行通信。分布式虚拟交换机在转发网络流量时，还会根据需要对流量进行过滤、加密、压缩等处理，以确保网络通信的安全性和效率。

分布式虚拟交换机通过其独特的分布式架构和高效的网络流量转发机制，实现了虚拟化环境中网络通信的顺畅和高效。这一技术不仅提高了虚拟化环境的性能和稳定性，还为用户提供了更加灵活、可扩展的虚拟化解决方案。

3．应用场景

分布式虚拟交换机凭借其强大的功能和灵活的设计，在多个领域和场景中发挥着重要作用。下面介绍分布式虚拟交换机主要的应用场景。

（1）虚拟化环境

在虚拟化环境中，分布式虚拟交换机是构建虚拟网络不可或缺的基础设施之一。它不仅能够支持虚拟机之间的无缝通信，还能够实现虚拟机与外部物理网络的稳定连接。通过分布式虚拟交换机，虚拟化应用可以获得可靠、高效的网络服务，从而确保业务的连续性和稳定性。

在虚拟化环境中，分布式虚拟交换机的分布式架构使得网络管理变得更加简单和高效。系统管理员可以通过统一的网络配置和管理界面，对多台主机上的虚拟交换机进行集中管理和维护。这种管理方式不仅降低了管理成本，还提高了管理效率，使得虚拟化环境更加易于管理和维护。

（2）云计算平台

在云计算平台中，分布式虚拟交换机同样发挥着重要作用。随着云计算技术的不断发展，越来越多的企业和组织选择将业务迁移到云端。云计算平台需要支持大规模的虚拟机部署和管理，而分布式虚拟交换机正是满足这一需求的理想选择。

通过分布式虚拟交换机，云计算提供商可以为用户提供灵活、可扩展的虚拟网络服务。用户可以根据自己的业务需求，动态地调整虚拟网络的配置和规模。

此外，分布式虚拟交换机在云计算平台中还扮演着重要的安全角色。通过配置 ACL 和安全组等策略，分布式虚拟交换机可以确保虚拟网络的安全性，防止未经授权的访问和数据泄露。这种安全功能对于保护云计算平台中的敏感数据和业务至关重要。

4．优势与特点

分布式虚拟交换机作为虚拟化技术的重要组成部分，以其独特的优势和特点。

（1）灵活性

分布式虚拟交换机具备极高的灵活性，能够轻松地适应不同的虚拟化环境和业务需求。它支持多种网络协议和路由规则，使得系统管理员可以根据实际需求，灵活地配置和管理虚拟网络。这种灵活性不仅提高了虚拟化环境的可扩展性和可定制性，还为用户提供了更加便捷、高效的网络服务。

此外，分布式虚拟交换机还支持多种虚拟化平台和技术，如 VMware、Hyper-V 等，能够与这些平台无缝集成，为用户提供一体化的虚拟化解决方案。这种跨平台的兼容性，使得分布式虚拟交换机能够广泛应用于各种虚拟化环境中，满足不同用户的多样化需求。

（2）可扩展性

随着虚拟化环境的不断扩展和虚拟机数量的不断增加，分布式虚拟交换机能够轻松地进行扩展，以满足更高的网络性能和容量需求。分布式架构使分布式虚拟交换机能够动态地调整网络资源和配置，以适应不断变化的业务需求。

同时，分布式虚拟交换机还支持自动化的网络部署和管理，使得系统管理员能够快速地添加或删除虚拟机，而无须手动配置网络。这种自动化的管理方式不仅提高了工作效率，还降低了人为错误的风险，使得虚拟化环境的网络管理更加可靠和高效。

（3）高可用性

分布式虚拟交换机提供高可用性的网络服务，确保在故障发生时能够迅速恢复网络服务，保障业务的连续性和稳定性。它支持虚拟机迁移和高可用性数据容灾等功能，使得虚拟机能够在主机发生故障或进行维护时自动迁移到其他主机上，继续提供服务。

此外，分布式虚拟交换机还具备强大的故障检测和恢复机制，能够实时监控网络状态，及时发现并处理网络故障。一旦检测到故障，分布式虚拟交换机会立即启动恢复流程，确保网络服务在最短时间内恢复正常。这种高可用性的网络服务，为用户提供了更加可靠、稳定的虚拟化环境。

5. 创建与配置

在 VMware vSphere 等虚拟化平台中，分布式虚拟交换机的创建与配置过程相对直观且高效，具体如下。

（1）创建分布式虚拟交换机

首先，登录 vCenter Server 管理界面，这是 VMware 虚拟化环境的集中管理平台，在界面中选择相应的数据中心作为分布式虚拟交换机的部署位置。接着，单击界面中的“网络”选项卡，选择“新建分布式虚拟交换机”选项。在这一步骤中，用户需要为新建的分布式虚拟交换机设置名称，以便后续管理和识别。同时，用户还需选择交换机的版本（如 vSphere Distributed Switch 6.x），具体版本取决于 vSphere 环境的版本和兼容性要求。此外，用户还需指定上行链路端口数量，也就是分布式虚拟交换机与外部物理网络连接的关键接口数量。

（2）添加主机

分布式虚拟交换机创建完成后，下面将需要参与分布式虚拟交换机网络通信的主机添加到交换机中，这通常涉及选择已连接到 vCenter Server 的主机，并将它们的物理网卡配置为分布式虚拟交换机的上行链路端口。这一步骤确保了虚拟机之间的网络通信能够跨越多个主机，实现真正的分布式管理。在配置过程中，用户还需注意上行链路端口的冗余性和负载均衡策略，以提高网络的可靠性和性能。

（3）创建分布式端口组

分布式端口组是分布式虚拟交换机中的一个重要概念，它允许系统管理员将具有相同网络属性的虚拟机划分到同一个逻辑网段中。在分布式虚拟交换机配置页面中，单击“新建分布式端口组”选项，并设置端口组的名称、网络标签（如 VLAN ID）等关键参数。这些参数将决定虚拟机之间的网络通信规则，以及它们与外部网络的连接方式。合理配置分布式端口组可以实现网络流量的有效隔离和优化。

（4）配置虚拟机网络

在虚拟机的设置界面中，选择相应的分布式端口组作为网络接口，为虚拟机配置网络接口。这一步骤会将虚拟机连接至分布式虚拟交换机，使它能够参与到分布式网络通信中。接着，为虚拟机配置 IP 地址、子网掩码等网络参数，确保它能够正确识别并访问网络中的其他设备和资源。

4.3.5 GRE 协议及原理

1. GRE 协议概述

通用路由封装（generic routing encapsulation，GRE）协议作为一种轻量级隧道协议，在网络领域得到广泛应用，尤其擅长跨越不同网络协议或实现远程网络间的直接连接。GRE 协议具有强大的封装能力，通过在原始数据包外添加 GRE 头部，将多种协议的数据封装到 IP 数据包中进行传输。这种封装机制使不同协议可以在同一个 IP 网络上进行通信，实现网络协议的透明传输。具体来说，GRE 协议的工作原理是将原始数据包（在 GRE 协议中，这个原始数据包被称为“载荷”）封装在一个新的 GRE 数据包中。在这个新的 GRE 数据包中，除了包含原始的载荷数据外，还会在外层添加一个 IP 头部。这个 IP 头部包含了用于路由和传输的必要信息，如源 IP 地址、目的 IP 地址等。通过这种方式，GRE 协议能够将原本不兼容或无法直接传输的数据包，封装在 IP 数据包中进行跨网络传输。

GRE 隧道技术是 GRE 协议的重要应用之一。它是一种 IP-over-IP 的隧道技术，利用 GRE 协议将载荷封装在 IP 数据包中，并通过 IP 网络进行传输。这种技术能够模拟直连链路的效果，使原本不直接相连的网络之间，能够通过 GRE 隧道实现直连的效果。这对于跨地域、跨网络的数据传输和资源共享具有重要意义。

此外，GRE 协议还具有高度的灵活性和可扩展性。它不仅能够封装 IP 协议的数据包，还可以封装 IPX（internetwork packet exchange）、AppleTalk 等其他网络层协议的数据包，因此可用于各种复杂的网络环境，满足不同的网络通信需求。

GRE 协议常被用于建立安全的虚拟专用网络，通过隧道封装和可能的加密保护，实现远程用户之间的安全通信。此外，GRE 协议还可以用于负载均衡和故障切换等场景。在数据中心环境中，通过 GRE 协议可以实现多条链路的负载均衡，提高网络的可靠性和性能。当某条链路出现故障时，GRE 协议还可以自动切换到其他可用链路上，保证业务的连续性。

然而，GRE 协议存在一定局限性。例如，它本身不支持多播和广播功能，这在一定程度上限制了其应用范围。此外，GRE 协议缺乏内置的加密机制，因而在数据传输的安全性方面存在一定的隐患。为了增强安全性，GRE 协议通常会与其他安全协议（如 IPSec）结合使用，对封装后的报文进行加密处理。

尽管存在这样的局限性，GRE 协议仍然以其独特的封装能力和广泛的应用场景在网络领域占据重要地位。随着技术的不断发展和完善，GRE 协议有望在更多领域得到广泛应用和发展。例如，在虚拟化环境中，GRE 协议可用于连接虚拟机和物理主机，或者连接不同虚拟机来实现虚拟机间的通信。

GRE 协议作为一种轻量级隧道协议，在网络领域有着广泛的应用和重要的价值。优秀的封装能力、灵活性和可扩展性使它能够适应各种复杂的网络环境，为网络通信提供了有效的解决方案。

2. GRE 协议的原理

GRE 协议的主要功能是在 IP 网络中封装并传输其他协议的数据包，从而打破不同网络之间的界限，实现跨网络的通信。这一功能的实现依赖 GRE 协议独特的封装与解封装、GRE 头部和尾部的结构设计、路由选择机制以及安全性和可靠性保障。

（1）封装与解封装

封装：将原始数据包封装在一个新的 GRE 数据包中，并在外层添加 IP 头部，其中的 GRE 头部包含一些必要的字段（如协议类型、校验和等），用于指示如何解封装和转发数据包。

解封装：在接收端，GRE 数据包被还原为原始数据包。接收端先移除外层的 IP 头部和 GRE 头部，然后提取并转发原始数据包。

（2）GRE 头部和尾部

GRE 头部：包含协议类型、校验和、标志位、版本号等字段，其中，校验和字段用于校验数据包的完整性，标志位用于指示 GRE 头部的某些特性。

GRE 尾部：通常包含一些可选字段，如密钥等，用于增强数据包的安全性和识别 GRE 隧道。

（3）路由选择

在 GRE 隧道中，路由选择是指确定数据包从源主机到目的主机所经路径的过程。这一过程通常需要使用路由协议（如 BGP、OSPF 等）来确定最佳路径。路由协议通过收集和分析网络拓扑信息，计算出从源主机到目的主机的（最短路径或）最优路径。

一旦确定了最优路径，GRE 隧道就可以使用该路径将数据包封装在 GRE 数据包中，并通过该路径进行传输。这样，即使源主机和目的主机位于不同的网络或子网中，也可以通过 GRE 隧道实现直接通信。这一特性使得 GRE 协议在跨网络数据传输和资源共享方面具有广泛的应用价值。

（4）安全性和可靠性

安全性：GRE 本身不提供数据的加密功能，但可以与 IPSec 等加密技术结合使用，以保护数据包的内容和完整性。

可靠性：可以通过重传和确认机制来确保数据包的正确传输。

3. GRE 协议的应用场景

GRE 协议广泛应用于各种需要在不同网络间传输数据包的场景，包括但不限于以下几种。

（1）VPN

GRE 隧道可用于在不同网络之间传输数据包，提供一种安全的通信方式。通过封装原始数据包，使不同网络间的数据传输更加灵活和安全。

（2）MPLS 网络

在多协议标记交换（multi-protocol label switching，MPLS）网络中，GRE 隧道可以实现网络间的互联和数据传输，提高网络的灵活性和效率。

（3）数据中心互联

GRE 隧道可用于在不同数据中心之间传输数据包，实现数据中心间的互联和数据传输。

（4）负载均衡

GRE 隧道可以用于在不同服务器间传输数据包，实现服务器集群的负载均衡和高可用性。

在 Linux 中，可以使用 IP 工具来设置和管理 GRE 隧道。主要步骤包括创建 GRE 隧道接口分配 IP 地址、配置路由等。命令行操作可以灵活地实现 GRE 隧道的配置和管理。需要注意的是，GRE 本身不提供数据的加密功能，如果需要更高的安全性，可以与 IPSec 等加密技术结合使用。

4.4 项目实践

4.4.1 使用 veth 连接两个命名空间

在 Linux 中，veth 设备常用于连接两个或多个命名空间，以模拟网络设备之间的连接。以下是使用 veth 连接两个命名空间的基本步骤。

步骤 1：创建两个网络命名空间，命令如下。

```
sudo ip netns add ns1
sudo ip netns add ns2
```

步骤 2：创建一对 veth 设备，命令如下。

```
sudo ip link add veth0 type veth peer name veth1
```

这会创建一个名为 veth0 的 veth 设备，以及一个与之配对的名为 veth1 的设备。

步骤 3：将 veth 设备的一端分配给 ns1，另一端分配给 ns2，命令如下。

```
sudo ip link set veth0 netns ns1
sudo ip link set veth1 netns ns2
```

步骤 4：在每个命名空间内配置 veth 设备的 IP 地址，命令如下。

```
sudo ip netns exec ns1 ip addr add 192.168.1.1/24 dev veth0
sudo ip netns exec ns2 ip addr add 192.168.1.2/24 dev veth1
```

这里，给 ns1 中的 veth0 设备分配了 192.168.1.1 的 IP 地址，给 ns2 中的 veth1 设备分配了 192.168.1.2 的 IP 地址。

步骤 5：启动 veth 设备，命令如下。

```
sudo ip netns exec ns1 ip link set veth0 up
sudo ip netns exec ns2 ip link set veth1 up
```

步骤 6：测试连接，命令如下。

```
sudo ip netns exec ns1 ping 192.168.1.2
```

如果一切设置正确，那么 ns1 上能够 ping 到 ns2 的 IP 地址。

以上步骤可成功使 veth 设备连接两个命名空间。这种方法在容器网络、虚拟化及测试环境中非常有用。

4.4.2 搭建桥接网络

下面介绍桥接网络的搭建过程。下载本实验所需的 cirros 映像，命令如下。

```
cd ~
```

```
wgethttp://10.90.3.2/LMS/CloudComputing/openstack/cirros-0.6.2-x86_64-disk.img # 内部网址
```

打开 Virtual Machine Manager，双击“QEMU/KVM”，之后单击“Virtual Networks”，查看宿主机的网络配置，如图 4-1 所示。

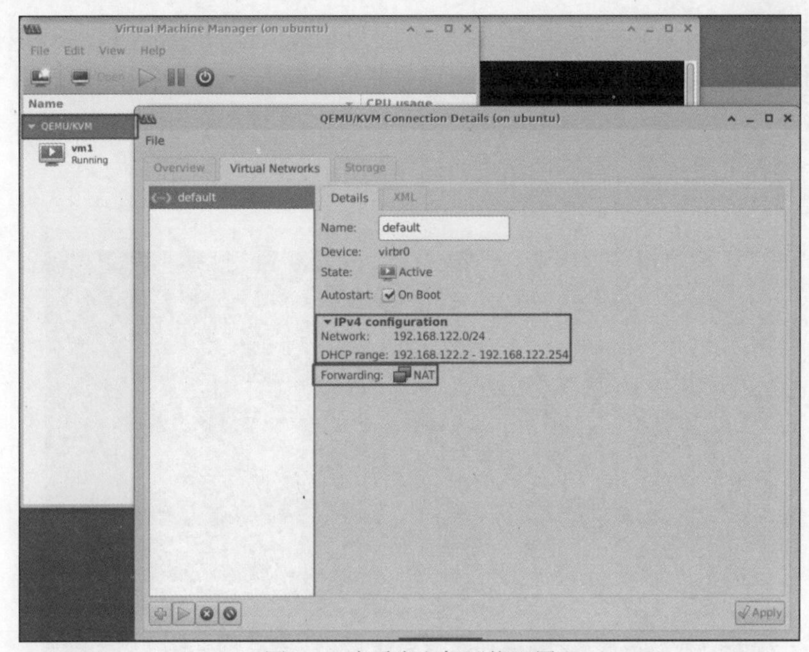

图 4-1　查看宿主机网络配置

在图 4-1 中，“DHCP range”表示地址段；“Forwarding”表示转发类型，创建虚拟机时默认为 NAT 转发类型。

安装一个网桥管理工具，命令如下。

```
sudo apt-get install bridge-utils
```

在终端运行上述命令，得到的结果（网址为内部网址）如图 4-2 所示。

```
ubuntu@ubuntu:~$ sudo apt-get install bridge-utils
Reading package lists... Done
Building dependency tree
Reading state information... Done
Suggested packages:
  ifupdown
The following NEW packages will be installed:
  bridge-utils
0 upgraded, 1 newly installed, 0 to remove and 8 not upgraded.
Need to get 30.5 kB of archives.
After this operation, 112 kB of additional disk space will be used.
Get:1 http://10.90.44.1:8081/repository/apt-focal-proxy focal/main amd64 bridge-utils amd64 1.6-2ubuntu1 [30.5 kB]
Fetched 30.5 kB in 0s (274 kB/s)
Selecting previously unselected package bridge-utils.
(Reading database ... 158162 files and directories currently installed.)
Preparing to unpack .../bridge-utils_1.6-2ubuntu1_amd64.deb ...
Unpacking bridge-utils (1.6-2ubuntu1) ...
Setting up bridge-utils (1.6-2ubuntu1) ...
Processing triggers for man-db (2.9.1-1) ...
ubuntu@ubuntu:~$
```

图 4-2　安装网桥管理工具结果

使用网桥模式可以让客户机和宿主机共享一个物理网络设备连接网络。客户机有自己独立的 IP 地址，可以直接连接与宿主机一模一样的网络，可以访问外部网络。外部网络也可以直接访问客户机，就像访问普通物理主机一样。即使宿主机只有一个网卡设备，使用桥接模式也可以让多台客户机与宿主机共享网络设备。

接下来创建一个网桥，并将其绑定到一个可以正常工作的网络接口上，同时让网桥成为连接本机和外部网络的接口。我们先查看实验机的网卡，命令如下。

```
ip a
```

在终端运行上述命令，得到的结果如图 4-3 所示。

```
File  Edit  View  Terminal  Tabs  Help
ubuntu@ubuntu:~$ ip a
1: lo: <LOOPBACK,UP,LOWER_UP> mtu 65536 qdisc noqueue state UNKNOWN group defaul
t qlen 1000
    link/loopback 00:00:00:00:00:00 brd 00:00:00:00:00:00
    inet 127.0.0.1/8 scope host lo
       valid_lft forever preferred_lft forever
    inet6 ::1/128 scope host
       valid_lft forever preferred_lft forever
2: ens3: <BROADCAST,MULTICAST,UP,LOWER_UP> mtu 1500 qdisc fq_codel state UP grou
p default qlen 1000
    link/ether fa:16:3e:cf:85:69 brd ff:ff:ff:ff:ff:ff
    inet 10.90.43.106/16 brd 10.90.255.255 scope global dynamic ens3
       valid_lft 42261sec preferred_lft 42261sec
    inet6 fe80::f816:3eff:fecf:8569/64 scope link
       valid_lft forever preferred_lft forever
3: virbr0: <NO-CARRIER,BROADCAST,MULTICAST,UP> mtu 1500 qdisc noqueue state DOWN
 group default qlen 1000
    link/ether 52:54:00:83:57:b1 brd ff:ff:ff:ff:ff:ff
    inet 192.168.122.1/24 brd 192.168.122.255 scope global virbr0
       valid_lft forever preferred_lft forever
4: virbr0-nic: <BROADCAST,MULTICAST> mtu 1500 qdisc fq_codel master virbr0 state
 DOWN group default qlen 1000
    link/ether 52:54:00:83:57:b1 brd ff:ff:ff:ff:ff:ff
ubuntu@ubuntu:~$
```

图 4-3　查看实验机网卡结果

我们使用 ens3 网卡来绑定创建的网桥。由于启用网桥时需要先关闭当前的 ens3 连接，因此在执行启用网桥操作时，当前连接将会丢失。我们可以通过创建 shell 脚本的方式，完成网桥接口的全部配置过程。

创建一个 shell 脚本文件，命令如下。

```
cd ~
vi bridge.sh
```

按“I”键进入编辑模式，在文档中插入以下内容。

```
# !/bin/bash

# 添加一个网桥命名为 br0
sudo brctladdbr br0
# 将 br0 与 ens3 绑定起来
sudo brctl addif br0 ens3
# 将 br0 设置为启用 STP
sudo brctlstp br0 on
# 将 ens3 的 ip 设置为 0
ifconfig ens3 0
# 配置 br0 网络
```

```
dhclient br0
```

在终端运行脚本，结果如图 4-4 所示。

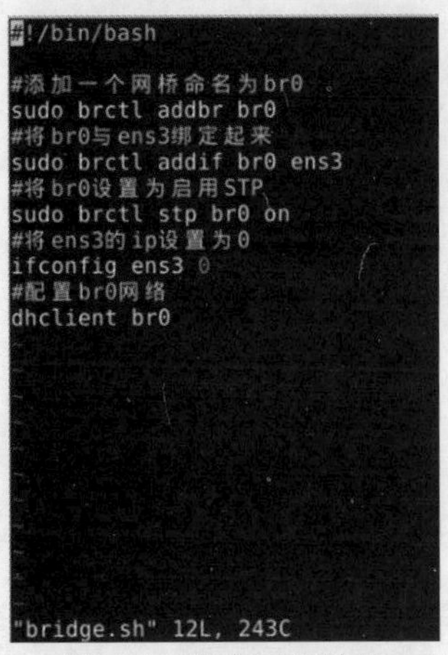

图 4-4 脚本运行结果

编辑脚本文件完成后，首先按“esc”键退出编辑模式，然后输入“:wq”保存并退出。

给当前脚本文件增加可执行权限，之后执行这个脚本，具体命令如下。

```
sudo chmod +x bridge.sh
sudo sh bridge.sh
```

按回车键后，系统会出现一段时间的断网，执行页面也会“卡”在执行 shell 脚本的页面上。这时不要急，等待一段时间（约 1 min），系统会重新连接到主机。下面查看当前路由表是否配置正常，命令如下。

```
route
```

在终端运行上述命令，结果如图 4-5 所示。

```
ubuntu@ubuntu:~$ route
Kernel IP routing table
Destination     Gateway         Genmask         Flags Metric Ref    Use Iface
default         _gateway        0.0.0.0         UG    0      0        0 br0
10.90.0.0       0.0.0.0         255.255.0.0     U     0      0        0 br0
169.254.169.254 10.90.43.100    255.255.255.255 UGH   0      0        0 br0
192.168.122.0   0.0.0.0         255.255.255.0   U     0      0        0 virbr0
ubuntu@ubuntu:~$
```

图 4-5 查看路由表是否配置正常结果

可以看出，路由表已正常配置，这样在创建虚拟机时，就可以使用这个网络了。接下来创建两个虚拟机，并构建一个桥接网络，其结构如图 4-6 所示。

在桥接网络中，vm1 和 vm2 的网卡都连接到 br0，vm1 和 vm2 之间即可通信。准备两个 img 文件，使用这两个 img 文件创建两个虚拟机，命令如下。

```
cd ~
cp cirros-0.6.2-x86_64-disk.img vm1.img
cp cirros-0.6.2-x86_64-disk.img vm2.img
```

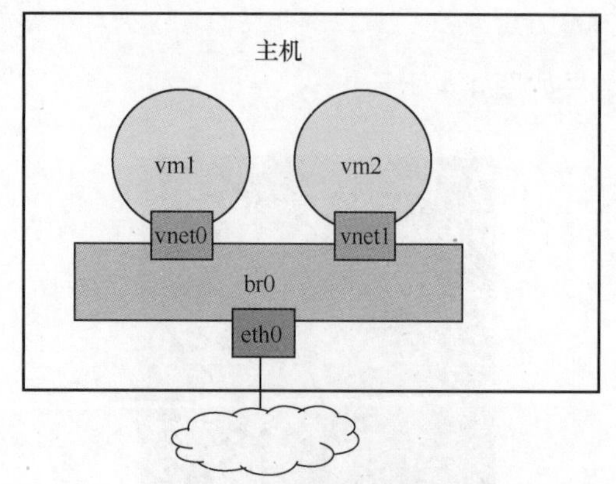

图 4-6　桥接网络的结构

打开桌面的 Virtual Machine Manager，按照图 4-7～图 4-11 所示操作开启实验机 vm1。

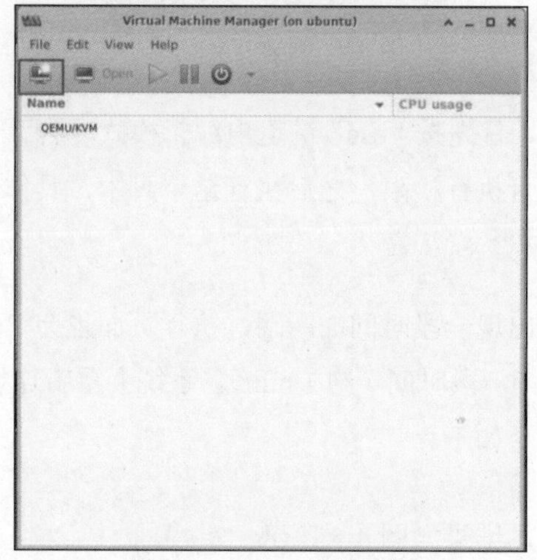

图 4-7　单击工具栏图标

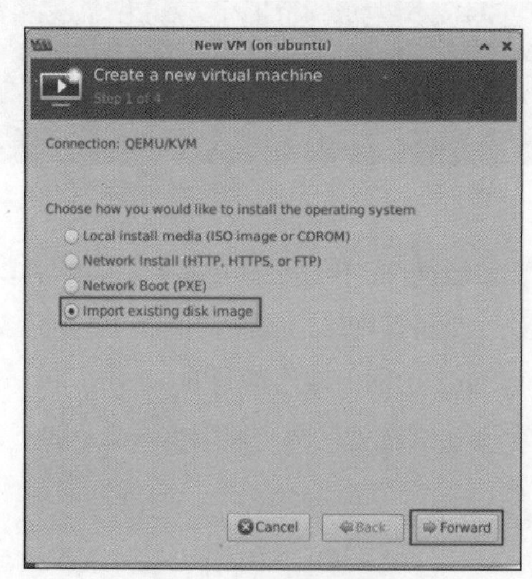

图 4-8　选择安装方式

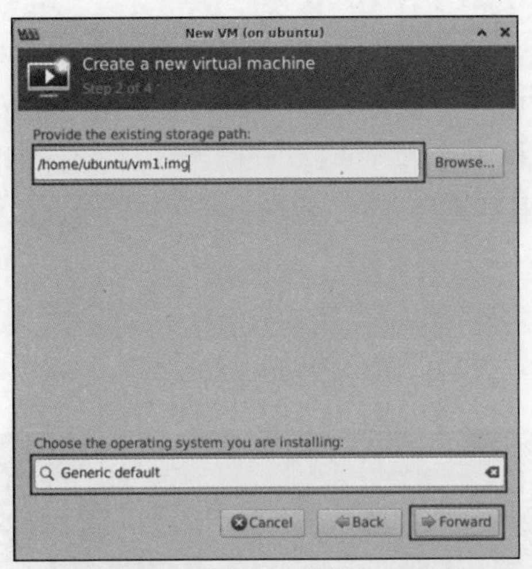

图 4-9　选择路径和操作系统类型

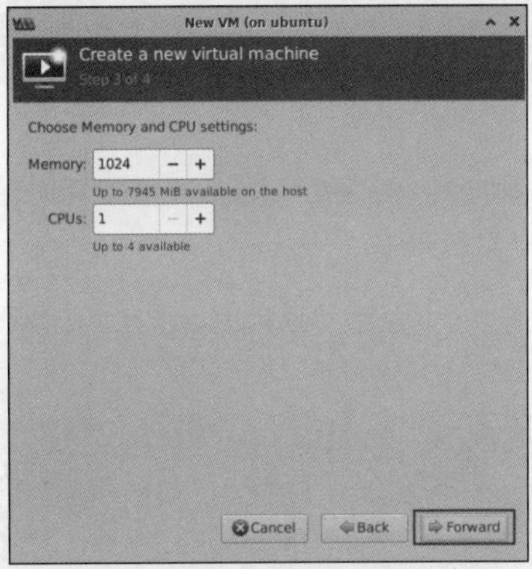

图 4-10　配置 CPU 和内存

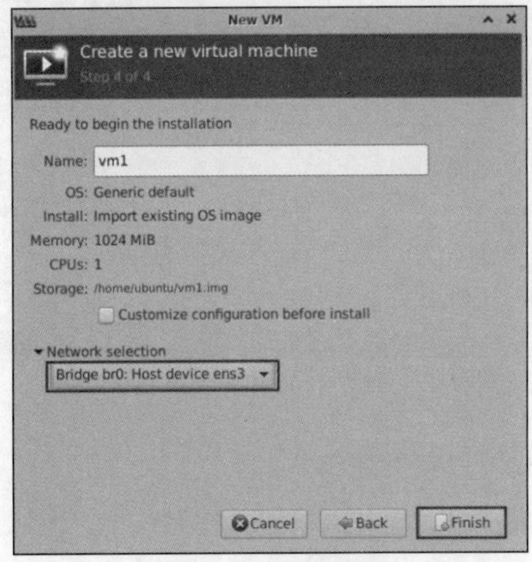

图 4-11　选择网络

注意：在图 4-11 所示页面选择网络时，要选择刚刚创建的 br0。接下来使用同样的步骤创建虚拟机 vm2，在 img 文件路径选择中选择 vm2.img。

在两个虚拟机上都使用 cirros/gocubsgo 进行登录，测试它们的连通性。两个虚拟机理论上应该能相互通信，并且能连接外网。我们先分别在两台虚拟机使用以下命令获取两个虚拟机的 IP 地址。

```
ip a
```

在终端运行上述命令，得到的结果如图 4-12 所示。

```
$ ip a
1: lo: <LOOPBACK,UP,LOWER_UP> mtu 65536 qdisc noqueue qlen 1000
    link/loopback 00:00:00:00:00:00 brd 00:00:00:00:00:00
    inet 127.0.0.1/8 scope host lo
       valid_lft forever preferred_lft forever
    inet6 ::1/128 scope host
       valid_lft forever preferred_lft forever
2: eth0: <BROADCAST,MULTICAST,UP,LOWER_UP> mtu 1500 qdisc pfifo_fast qlen 1000
    link/ether 52:54:00:0c:e9:f0 brd ff:ff:ff:ff:ff:ff
    inet 169.254.131.50/16 brd 169.254.255.255 scope global noprefixroute eth0
       valid_lft forever preferred_lft forever
    inet6 fe80::5054:ff:fe0c:e9f0/64 scope link
       valid_lft forever preferred_lft forever
$ _
```

图 4-12　获取两个虚拟机 IP 地址的结果

获取两个虚拟机的 IP 地址后，我们接下来测试它们之间的连通性。这里分别使用 ping 命令，尝试向对方通信，结果如图 4-13 所示。

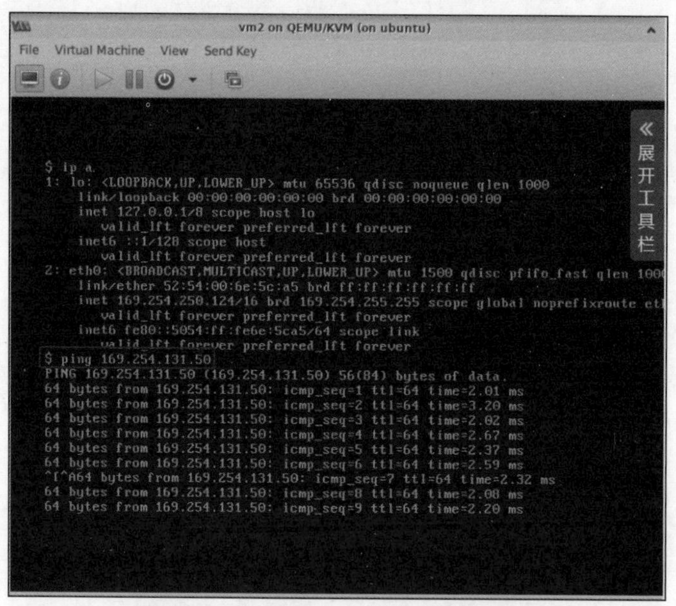

图 4-13　使用 ping 命令尝试通信结果

可以看到，两个虚拟机可以相互通信。

如果使用命令行创建虚拟机，此时网桥连接在系统上，但对 KVM 环境不可见，因此使用 virsh 命令查看已有的网络选项。

```
virsh net-list --all
```

在终端运行上述命令，结果如图 4-14 所示。

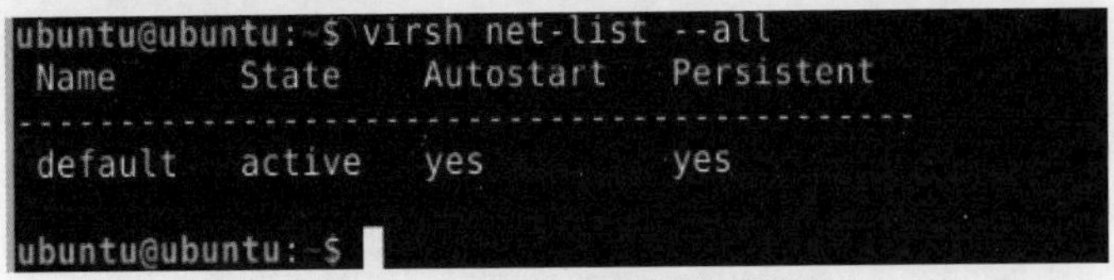

```
ubuntu@ubuntu:~$ virsh net-list --all
 Name      State    Autostart   Persistent
----------------------------------------------
 default   active   yes         yes

ubuntu@ubuntu:~$
```

图 4-14　查看已有网络选项结果

创建一个网桥定义文件，命令如下。

```
cd ~
vi bridge.xml
```

按“I”键进入编辑模式，并插入以下内容。

```
<network>
<name>br0</name>
<forward mode="bridge"/>
<bridge name="br0" />
</network>
```

之后，按“esc”键退出编辑模式，输入:wq 保存并退出。

使用 virsh 定义该网络，并查看网络列表，命令如下。

```
virsh net-define ./bridge.xml
virsh net-list --all
```

在终端运行上述命令，结果如图 4-15 所示。

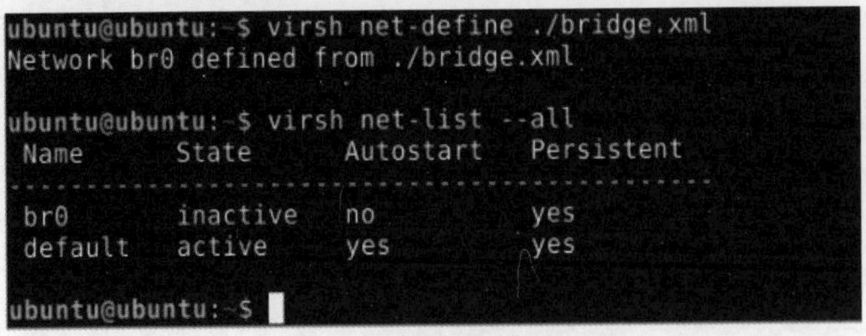

```
ubuntu@ubuntu:~$ virsh net-define ./bridge.xml
Network br0 defined from ./bridge.xml

ubuntu@ubuntu:~$ virsh net-list --all
 Name      State      Autostart   Persistent
------------------------------------------------
 br0       inactive   no          yes
 default   active     yes         yes

ubuntu@ubuntu:~$
```

图 4-15　查看网络列表结果

可以看出，br0 已经成功添加到 virsh 的网络列表。接下来启动 br0，并调整为自动启动，命令如下。

```
virsh net-start br0
virsh net-autostart br0
```

再次验证是否已经开启了网桥 br0，命令如下。

```
virsh net-list --all
```

在终端运行上述命令，结果如图 4-16 所示。这样在使用命令行创建虚拟机时，就可以指定这个网络了。

```
ubuntu@ubuntu:~$ virsh net-start br0
Network br0 started

ubuntu@ubuntu:~$ virsh net-autostart br0
Network br0 marked as autostarted

ubuntu@ubuntu:~$ virsh net-list --all
 Name      State    Autostart   Persistent
----------------------------------------------
 br0       active   yes         yes
 default   active   yes         yes

ubuntu@ubuntu:~$
```

图 4-16　验证是否开启网桥的结果

4.4.3　完成 NAT 网络模型

NAT 是 KVM 安装时默认的网络配置，能够将内网地址转化为外网的合法 IP 地址，广泛应用于各种类型的互联网接入方式和各种类型的网络之中。NAT 可以使内网的多台主机共用一个 IP 地址接入网络，节约 IP 地址资源，这也是 NAT 最主要的作用。

接下来创建一个基于 NAT 的虚拟机，使用以下命令复制一份镜像文件。

```
cd ~
cp cirros-0.6.2-x86_64-disk.img vm3.img
```

删除之前的 vm1 和 vm2，按照和之前相同的步骤创建虚拟机，但是，在图 4-17 所示页面选择 NAT，如图 4-17 所示。

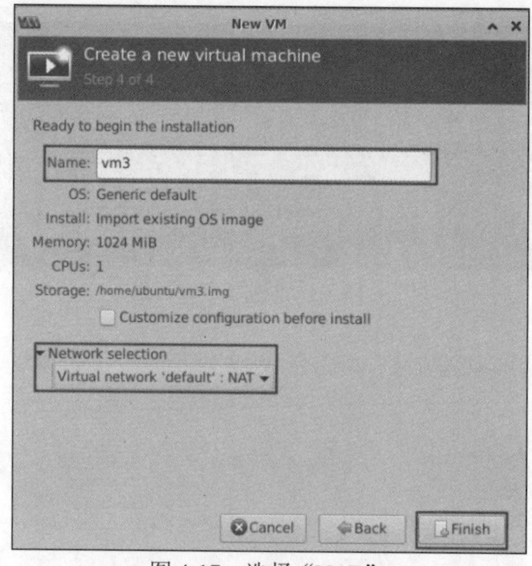

图 4-17　选择“NAT”

虚拟机在开启时会自动分配网卡，我们可以使用以下命令查看网卡。

```
brctl show
```

在终端运行上述命令，结果如图 4-18 所示。

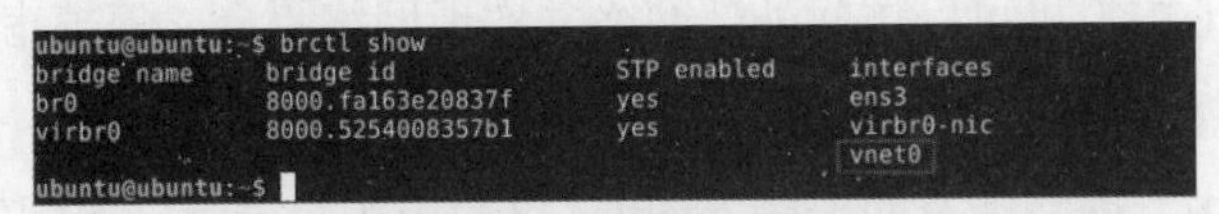

图 4-18　查看网卡结果

关闭虚拟机的操作如图 4-19 所示，被占用的网卡会得到释放。

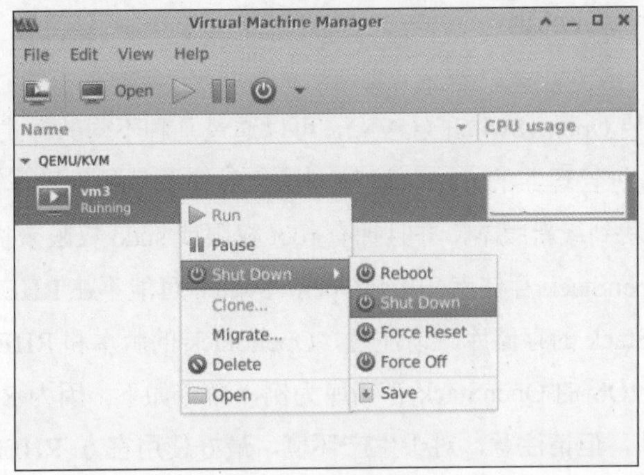

图 4-19　关闭虚拟机

再次使用 brctl show 查看分配的网卡，得到图 4-20 所示的网卡已释放页面。

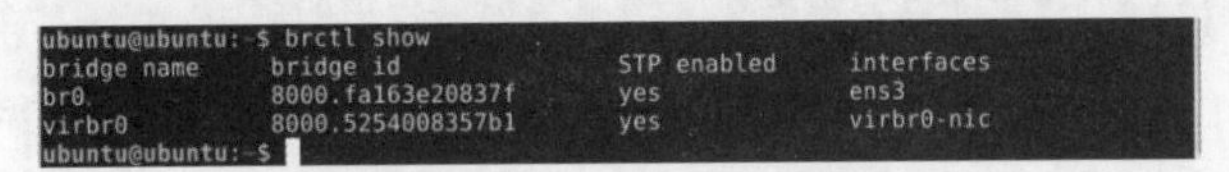

图 4-20　网卡已释放页面

查看 Libvirtd 向 iptable 添加的规则，命令如下。

```
sudo iptables -L -t nat
```

在终端运行上述命令，结果如图 4-21 所示。

```
ubuntu@ubuntu:~$ sudo iptables -L -t nat
Chain PREROUTING (policy ACCEPT)
target     prot opt source               destination

Chain INPUT (policy ACCEPT)
target     prot opt source               destination

Chain OUTPUT (policy ACCEPT)
target     prot opt source               destination

Chain POSTROUTING (policy ACCEPT)
target     prot opt source               destination
LIBVIRT_PRT  all  --  anywhere            anywhere

Chain LIBVIRT_PRT (1 references)
target     prot opt source               destination
RETURN     all  --  192.168.122.0/24     base-address.mcast.net/24
RETURN     all  --  192.168.122.0/24     255.255.255.255
MASQUERADE  tcp  --  192.168.122.0/24    !192.168.122.0/24     masq ports: 1024-
65535
MASQUERADE  udp  --  192.168.122.0/24    !192.168.122.0/24     masq ports: 1024-
65535
MASQUERADE  all  --  192.168.122.0/24    !192.168.122.0/24
ubuntu@ubuntu:~$
```

图 4-21　查看 Libvirtd 向 iptable 添加的规则结果

这些 iptables 规则用于管理虚拟化环境中虚拟机和外部网络的通信，并对出站流量进行地址转换，以保证虚拟机可以访问外部网络并实现网络隔离。停掉宿主机的 iptables 之后，虚拟机无法向外通信。

在上面的示例中，网络涉及的一些 iptables 仅用于实验演示，实际生产环境中需要根据实际情况进行更具体的配置。

4.4.4 安装 Open vSwitch

在 Ubuntu 中安装 Open vSwitch（OVS），可以通过几种不同的方式来完成。下面介绍一种基于使用 yum 包管理器的方法，这种方法相对简单且易于操作。安装之前先确保 RHEL 8 系统已经更新到最新版本，并且拥有 root 权限或 sudo 权限来执行安装命令。

步骤 1：添加 OpenStack 存储库。由于 Open vSwitch 可能不在 RHEL 8 的默认仓库中，因此需要添加 OpenStack 的存储库。请注意，OpenStack 的版本和 RHEL 8 的版本需要兼容。这里以添加 CentOS 的 OpenStack 存储库为例，命令如下。因为 RHEL 和 CentOS 在底层有很高的相似性，但请注意，对于生产环境，最好使用官方 RHEL 存储库或经过验证的第三方存储库。

```
sudo yum install -y epel-release
sudo yum install -y centos-release-openstack-train
# 注意：这里的"train"可能需要根据实际情况替换为合适的版本
```

注意，上述命令中的 centos-release-openstack-train 可能需要根据 OpenStack 和 RHEL 8 的兼容性来选择合适的版本。对于 RHEL 8，读者需要查找或使用 RHEL 官方的 OpenStack 存储库。

步骤 2：安装 Open vSwitch。使用 yum 安装 Open vSwitch，命令如下。

```
sudo yum install -y openvswitch libibverbs
```

这里同时安装了 libibverbs 库，它提供对 InfiniBand 硬件的访问。如果环境不需要 InfiniBand 支持，那么这里可以省略该库的安装。

步骤 3：启动并启用 Open vSwitch 服务。安装完成后，启动 Open vSwitch 服务，并设置为开机自启，命令如下。

```
sudo systemctl enable --now openvswitch
sudo systemctl status openvswitch
```

步骤 4：验证安装。使用以下命令验证 Open vSwitch 是否成功安装并运行。

```
ovs-vsctl show
ps -ae | grep ovs
ovs-vsctl --version
ovs-appctl --version
ovs-ofctl --version
```

这些命令将分别显示 OVS 的配置信息、运行的 OVS 进程，以及 OVS 组件的版本信息。

通过以上步骤，就能够在 RHEL 8 上成功安装并运行 Open vSwitch。

4.4.5　Open vSwitch 管理网桥的相关命令

Open vSwitch 是一个多层虚拟交换机，用于自动化大规模网络，并支持标准的管理接口和协议。在管理 Open vSwitch 时，网桥的管理是其核心任务之一。下面介绍 Open vSwitch 管理网桥的相关命令。

（1）查看网桥信息

查看所有网桥，命令如下。

```
ovs-vsctl show
# 或者
ovs-vsctl list-br
```

这两个命令都会列出当前 Open vSwitch 中所有的网桥及其相关信息。

（2）添加网桥

添加新网桥，命令语法如下。

```
ovs-vsctl add-br <桥名>
```

例如，要添加一个名为 br0 的网桥，可以使用命令 ovs-vsctl add-br br0。

（3）删除网桥

删除网桥，命令语法如下。

```
ovs-vsctl del-br <桥名>
```

在删除网桥之前，应确保该网桥上没有任何端口（即物理网卡或虚拟接口）正在被使用，否则需要先删除或分离这些端口。

（4）添加/删除端口

向网桥添加端口，命令语法如下。

```
ovs-vsctl add-port <桥名><端口名>
```

例如，将名为 eth0 的物理网卡添加到 br0 网桥上，可以使用命令 ovs-vsctl add-port br0 eth0。

从网桥删除端口的命令语法如下。

```
ovs-vsctl del-port <桥名><端口名>
```

要从 br0 网桥上删除 eth0 端口，可以使用命令 ovs-vsctl del-port br0 eth0。

（5）查看网桥中的端口

查看网桥中的所有端口，命令语法如下。

```
ovs-vsctl list-ports <桥名>
```

例如，要查看 br0 网桥上的所有端口，可以使用命令 ovs-vsctl list-ports br0。

（6）设置网桥控制器

添加网桥控制器的命令语法如下。

```
ovs-vsctl set-controller <桥名>tcp:<控制器 IP>:<端口>
```

要从 br0 网桥上删除控制器，可以使用命令 ovs-vsctl del-controller br0。

（7）查看和设置网桥的其他属性

Open vSwitch 还支持通过 ovs-vsctl 命令查看和设置网桥的其他属性，如失败模式（fail-mode）等。设置失败模式的命令语法如下。

```
ovs-vsctl set-fail-mode <桥名> standalone/secure
```

其中，standalone 表示在没有控制器的情况下，Open vSwitch 将作为普通交换机运行；secure 表示 Open vSwitch 将始终作为 OpenFlow 交换机运行。

以上命令和步骤基于 Open vSwitch 的通用操作。但请注意，具体的命令和选项可能会因 Open vSwitch 的版本和操作系统的不同而有所差异，因此，建议读者查阅相应版本的 Open vSwitch 官方文档或相关资源来获取最准确的信息。

4.4.6 使用 Open vSwitch 创建 GRE 隧道

要在 Open vSwitch 中创建 GRE 隧道网络，需要在 Open vSwitch 网桥上配置 GRE 端口，这些端口通过 GRE 协议在物理或逻辑网络之间传输数据。在两个 Open vSwitch 实例之间创建 GRE 隧道的步骤如下。

步骤 1：在两个节点（节点 A 和 B）上安装和配置 Open vSwitch，确保这两个节点都安装了 Open vSwitch，并且 Open vSwitch 服务正在运行。

步骤 2：在每个节点上创建 Open vSwitch 网桥，命令如下。

```
# 在节点 A 上
ovs-vsctl add-br br-a

# 在节点 B 上
ovs-vsctl add-br br-b
```

步骤 3：配置 GRE 隧道端口。每个节点上需要为 GRE 隧道创建一个内部端口，并设置相应的 GRE 封装选项。

在节点 A 上，输入如下命令。

```
# 创建一个 GRE 端口，指定远程 IP 地址（节点 B 的 IP 地址）和本地 IP 地址（可选）
ovs-vsctl add-port br-a gre0 --set Interface gre0
type=gre options:
remote_ip=<节点 B 的 IP 地址> options:local_ip=<节点 A 的 IP 地址>

# 如果需要，可以设置 MTU 大小（GRE 隧道可能需要调整 MTU）
```

```
ovs-vsctl set Interface gre0 mtu_request=<期望的MTU值>
```

在节点B上，输入如下命令。

```
# 类似地，在节点B上创建GRE端口，但这次远程IP地址是节点A的IP地址
ovs-vsctl add-port br-b gre1 --set Interface gre1
type=gre options:remote_ip=<节点A的IP地址> options:local_ip=<节点B的IP地址>

# 设置MTU（如果需要）
ovs-vsctl set Interface gre1 mtu_request=<期望的MTU值>
```

步骤4：连接物理或虚拟网络接口（可选）。将GRE隧道端口连接到某个物理网络接口或另一个OVS内部端口，以便在隧道上传输实际的数据流量。

步骤5：验证和测试隧道。在配置完成后，可以使用ping、traceroute等命令或工具测试GRE隧道是否按预期工作，使用ping命令的示例如下。

```
# 在节点A上，通过gre0端口ping节点B的某个IP地址（假设已连接到gre1）
ping -I gre0 <节点B的某个可达IP地址>

# 在节点B上执行相反的操作，这里不展示
```

课后练习

1. 请简述传统网络与虚拟网络的主要区别。
2. 解释什么是虚拟网络模式，并列举几种常见的虚拟网络模式。
3. 什么是veth-pair？它在虚拟网络中的作用是什么？
4. 简述GRE协议及其在网络虚拟化中的应用。

项目五 网络存储架构的搭建和使用

网络存储技术是虚拟化技术的重要组成部分，主要利用网络技术将存储设备与服务器、客户机连接起来。这种连接方式打破了传统存储的局限性，使数据能够在不同设备之间高效流转和共享。

网络存储提供超大存储容量，能够满足不断增长的数据存储需求——无论是海量的文档、高清视频还是复杂的数据库。同时，网络存储采用冗余技术和备份机制，即使在硬件故障或意外情况下，也能最大程度地避免数据丢失，其高可靠性确保了数据的安全性和稳定性。

5.1 学习目标

1. 掌握 OpenFiler 的搭建方法。
2. 掌握 HDFS 的配置和使用方法。
3. 掌握 MooseFS 的配置和使用方法。
4. 了解主流存储架构技术。
5. 了解分布式存储技术。

5.2 项目描述

在企业数据管理领域，存储解决方案的选择关乎数据的可访问性、安全性和系统性能的好坏。随着数据的爆炸式增长，以及数据类型的多样化，更加灵活且可扩展的存储系统成为企业的迫切需求。本项目重点介绍 OpenFiler、HDFS 和 MooseFS 的安装和使用方法，帮助读者掌握存储虚拟化的知识。

5.3 相关知识

5.3.1 主流的存储架构技术

随着技术的发展，直接附接存储（direct attached storage, DAS）、网络附接存储（network attached storage, NAS）和存储区域网（SAN）这 3 种主要的存储架构技术已经成为组织和企业评估的重点。每种存储架构都有各自的特点和适用场景。

1．DAS

DAS 是传统的存储架构，这种架构通过小型计算机系统接口（small computer system interface，SCSI）或光纤通道将存储设备直接连接到服务器上，为服务器提供数据访问服务，如图 5-1 所示。这种架构安装和配置简单，不需要复杂的网络配置。当服务器需要读取或写入数据时，它发送块级别的 I/O 请求，直接从存储设备访问数据，存储设备与服务器之间是一对一的直接连接关系，因此能提供低时延的数据传输和较高的 I/O 性能。

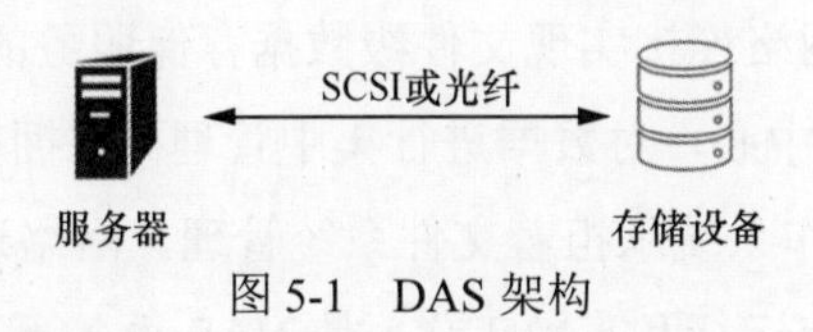

图 5-1　DAS 架构

存储设备仅供与其直接连接的服务器使用。如果企业有多台服务器都采用 DAS 方式连接存储，就需要分别管理每个服务器的存储设备，且数据无法在多台服务器之间共享，这会增加管理的复杂性，同时还容易导致一些服务器存储资源闲置，而另一些服务器存储资源不足，整体资源利用率不高。对于个人或者小型企业而言，DAS 有较大的优势。由于个人或者企业的数据量不大，服务器数量不多，因此采用 DAS 可以最大程度地降低实施成本，且不需要专业技术人员参与，即可轻松完成部署。

DAS 作为最早被采用的存储技术，其主要优点如下。

实现大容量存储：DAS 可以通过独立磁盘冗余阵列（redundant arrays of independent disks，RAID）将多个磁盘组合成一个大容量的逻辑磁盘，为用户提供海量的存储空间。

实现操作系统和应用数据分离：DAS 能将操作系统和应用程序产生的数据分别存储在不同的存储设备上，这种分离方式有助于提高系统的稳定性。

提高存储性能：DAS 设备直接与服务器连接，减少了数据传输过程中的中间环节和网络时延，从而提供较高的数据传输速度和较快的响应速度。

部署简单：DAS 的部署过程简单，不需要复杂的网络配置和高级的技术知识，就可以将存储设备直接连接到服务器上。

DAS 虽然便于实施且部署成本低，但数据的快速增长让 DAS 在数据管理方面的局限日益突显，主要体现在以下几个方面。

扩展性差：DAS 设备直接连接服务器，当数据量快速增长、存储需求增加时，企业可能需要更换或者添加设备，这会导致成本增加。

服务器容易成为系统的瓶颈：DAS 设备自身没有存储操作系统，所有的 I/O 读写和存储管理都依赖服务器主机的操作系统来完成。DAS 的数据量越大，对服务器硬件的要求就越高。一旦服务器出现故障，整个存储系统也会受到影响。

可管理性差：如果企业有多台服务器连接了 DAS 设备，则需要分别管理每台服务器的存储。对于分散的存储设备，状态监控、维护和故障排除等工作将变得更为复杂，增加了管理的难度和成本。

资源利用低效：DAS 设备与特定服务器直接绑定，只能被该服务器独占使用。

异构化严重：企业在不同时期购置了不同厂商、不同型号的存储设备，设备彼此间的异构化问题极为突出，致使维护成本居高不下。

2. NAS

NAS 设备是一种通过网络连接实现文件级数据存储服务的设备。NAS 设备是一个独立的文件服务器，以数据为中心，对数据进行集中管理。它拥有独立的操作系统，常见的是简化的 Linux/UNIX。操作系统承担着文件系统管理、网络通信以及存储管理等核心功能，保障了 NAS 设备的稳定运行和高效工作，使 NAS 设备不再挂载在其他服务器上，完全独立于其他的服务器。NAS 架构如图 5-2 所示。

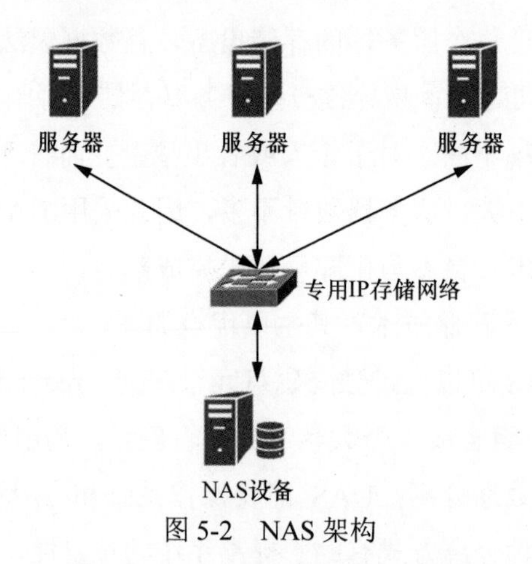

图 5-2　NAS 架构

NAS 设备利用网络协议（如 TCP/IP）连接至局域网，用户可以将各类文件存储到 NAS 设备中。NAS 设备允许多台计算机、移动设备等通过互联网同时访问和共享这些文件，实现远程数据访问和管理。NAS 设备可为不同用户与用户组设置不同读/写、修改和删除权限，保证数据的安全性与隐私性。

NAS 设备易于设置和管理，拥有自己的处理器、内存、操作系统和存储介质，是一种专门用于存储数据的服务器。用户可以通过网络直接访问 NAS 设备上的数据，对于使用不同操作系统的用户，NAS 设备提供统一的文件访问接口，大大增强了数据共享的便利性，适用于需要简单的文件共享和备份解决方案的中小型企业，以及需要从不同地点访问数据的远程工作环境。

与 DAS 相比，NAS 有着显著优势，因而得到了广泛应用，它的主要优点如下。

易于安装和使用：NAS 设备提供了直观友好的界面，用户可以通过管理界面，轻松地对设备进行各种设置和管理操作，无须具备专业的技术知识。

大容量存储：NAS 设备通常配备多个硬盘插槽，能够轻松地容纳多个大容量硬盘，实现太字节级的海量存储。

便于数据共享：NAS 设备可以让多个用户和设备同时访问和共享存储的数据，方便团队协作和家庭多设备使用。

跨平台支持：NAS 设备通常支持多种操作系统，其中包括 Windows、macOS、Linux 等，方便不同用户和设备访问和共享数据。许多 NAS 厂商还提供移动端操作系统（如 iOS、Android），用户可以通过手机或平板电脑随时随地访问和管理 NAS 设备中的数据。

NAS 在日常的使用过程中，仍有许多不足之处，主要体现在以下方面。

无法处理一些特定的应用程序：NAS 设备提供文件级的数据访问，对于某些特定的块级应用程序，如数据库或图形处理应用程序等则无法胜任。

可扩展性受到设备大小的限制：NAS 设备的可扩展性虽然可以满足大多数用户的需求，但如果需要更大的存储容量或更高的性能，则会受到设备物理限制，如硬盘插槽数量等。

依赖网络：尽管 NAS 设备提供了网络存储解决方案，但其存储性能受网络条件的限制，特别是在高负载的情况下。

3．SAN

SAN 是一个高速专用网络，用于在一个服务器或服务器群和存储设备之间提供数据传输和存储连接。当出现海量数据的读/写操作时，数据可以通过存储区域网络在服务器与存储设备之间进行高速传输。SAN 构建了一个用网络连接存储资源与服务器的架构，采用光纤通道、iSCSI 实现了服务器对存储设备的块级数据访问。SAN 架构如图 5-3 所示。

在传统的 DAS 架构中，存储设备往往是专为某台服务器服务的，这意味着存储资源被局限在特定的服务器范围内，形成“信息孤岛”，无法实现灵活的调配和高效的利用。SAN 将这种专用存储模式改进为由网络上所有服务器共享的模式，通过构建一个独立的高速存储网络，让存储资源能够像公共资源一样被网络中的各服务器访问和使用。

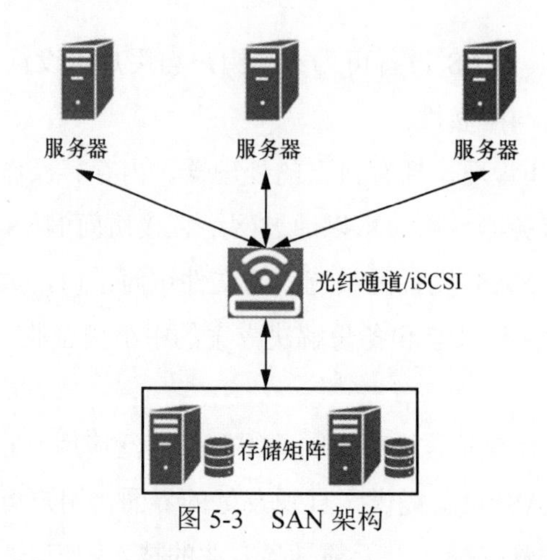

图 5-3 SAN 架构

虽然 SAN 和 NAS 都是基于网络的存储方案，但二者有很大的差异。NAS 实质上是一种存储设备，用户能够将它直接接入网络环境，实现数据的存储与共享。在数据传输模式上，NAS 是以文件输入/输出的方式来实现的，而 SAN 是一个为存储服务的高速网络架构。SAN 基于专用的光纤通道网络构建而成，这种光纤通道网络具备超高的带宽和极低的时延，能够为数据的传输提供性能保障。在数据传输的具体方式上，SAN 采用的是块传输模式，这意味着它并非像 NAS 那样以文件为基本单元，而是直接处理数据的存储块。

在早期，SAN 系统主要以光纤通道技术作为其数据传输的核心机制，随着 iSCSI 协议的出现，基于 IP 网络构建的存储区域网开始普及。目前，常用的 SAN 架构是 FC SAN 与 IP SAN。

（1）FC SAN

FC SAN 是基于光纤通道技术构建的存储区域网架构。它通过专门的光纤通道交换机将服务器与存储设备连接起来。光纤通道技术具备高带宽、低时延和高可靠性的显著优势，能够满足企业级关键业务对数据传输的严苛要求。在大型数据中心、金融交易系统、高性能计算等对存储性能和稳定性有极高要求的场景中，FC SAN 发挥着重要作用。然而，FC SAN 的部署和维护成本较高，需要专业的光纤通道设备和技术支持。

FC SAN 的局限性主要体现在以下方面。

成本高：光纤通道相关硬件设备（如交换机、线缆等）通常比以太网设备的价格高得多，导致初始采购成本高。此外，FC SAN 后期的维护和升级费用也不低。

扩展能力差：FC SAN 的协议封闭，在进行扩展时，不仅要考虑新设备的采购成本，还需面对协议限制带来的兼容性问题。

异构化严重：各厂商依照各自的标准进行功能开发，导致不同厂商的产品无法互通。在进行系统集成时，相关人员需要耗费大量的时间和精力解决不同设备之间的接口差异、协议匹配等问题。同时，在系统维护方面，也因为设备的异构化而变得困难重重。

（2）IP SAN

IP SAN 是基于 IP 网络构建的存储区域网络架构。它利用常见的以太网基础设施，通过 iSCSI 等协议实现服务器与存储设备之间的数据传输。IP SAN 充分利用广泛普及的 IP 网络，降低了部署成本和复杂性，使其更易于推广和应用。对于中小企业以及对成本较为敏感、对性能要求相对较低的应用场景，IP SAN 提供了一种经济实惠且灵活的存储解决方案。

IP SAN 基于以太网基础设施，只需要添加网络设备和存储资源，就能轻松实现系统的扩容和升级，而且在成本上比 FC SAN 有更明显的优势。IP SAN 可以借助已普及且成本较低的以太网组件，因而硬件采购和部署费用更低。然而在性能方面，FC SAN 展现出显著的优势。它通常具备更高的带宽，能够实现更高速率的数据传输，同时具有更低的时延，能够在极短的时间内响应数据请求，特别适用于对数据处理速度和响应时间有着极高要求的关键业务场景。

5.3.2　分布式存储技术

除了上述传统的存储架构技术，分布式存储技术也得到广泛应用。随着用户的数据量呈爆炸式增长，用户对系统的扩展性能要求也越来越高。分布式存储技术通过网络将多台独立的存储设备连接起来，形成一个可扩展的虚拟存储资源池，实现数据的分散式存储、管理和访问，并向用户提供完整、统一的访问接口。分布式文件存储系统通过特定的算法和策略，对数据进行分片，并均匀地分散到多个存储节点上，这样做不仅避免了单个节点的数据过载，还实现了数据的并行访问和处理，大大提高了系统的整体性能。

根据数据分布方式的不同，分布式存储包括以下几种系统/模式。

分布式文件系统：这类系统将数据文件以分片的方式存储在不同节点上。它们具有高可靠性，通过数据冗余和容错机制，确保在部分节点出现故障时数据不会丢失。同时具备良好的可扩展性，能够随着存储需求的增长轻松添加新的节点，从而扩充存储容量。而且，它还能提供快速访问的特性，支持大规模的数据并行读/写操作，满足高性能计算和大数据处理的需求。常见的分布式文件系统有 Google 文件系统（Google file system，GFS）和 Hadoop 分布式文件系统（Hadoop distributed file system，HDFS）等。

分布式对象存储系统：以对象的形式存储数据，每个对象通常包含数据本身、元数据和唯一标识符。系统还提供高可用性，通过多副本保障数据的持续可访问性；同时具有低成本的优势，能够有效利用廉价的硬件设备存储海量的非结构化数据，并且具有出色的可扩展性，能够应对数据量的快速增长。这种系统尤其适用于图片、视频、文档等非结构化数据的大规模存储。流行的分布式对象存储系统有 OpenStack Swift、Amazon S3 等。

分布式块存储系统：将数据分割为多个固定大小的块进行存储，并在不同的存储节点上保存一个或多个副本。它具备高可用性，当某个节点或副本出现问题时，系统能够迅速切换到其他可用的副本，确保业务的连续性。系统还通过数据校验和恢复机制保证数据的完整性和准确性。它还能实现快速访问，满足对数据读写速度要求较高的应用场景，例如数据库、虚拟化环境中的虚拟机磁盘等。常见的分布式块存储系统有 Ceph RBD、OpenNebula Block Storage 等。

分布式键值对存储：在这种存储模式中，数据以键值对的形式分布在多个节点上，其中键用于唯一标识数据，而值可以是各种类型的数据，如字符串、二进制数据、列表、集合等。同时，此类存储系统通过副本机制或其他容错策略，确保在节点发生故障时仍能保持数据的可用性和一致性。它采用优化的数据结构和分布式算法，能够在短时间内快速定位和获取所需的数据，实现低时延的响应。Redis Cluster 和 Cassandra 就是这类存储模式的典型代表。

分布式表格存储：在这种存储模式中，数据以表格的形式组织。这个表格类似于关系数据库中的表，但具有更强的分布式特性和可扩展性，能够轻松应对海量结构化数据的存储和查询需求。分布式表格存储通常采用列式存储，这有利于对特定列的数据进行高效压缩和查询。数据会按照一定的规则进行分区，并分布在多个节点上，从而提高查询性能和并行处理能力。这种模式的典型代表有 HBase 和 Google BigTable。

5.3.3 NFS 存储

NFS 是一种允许计算机之间通过网络共享文件和目录的协议，最初由 Sun 公司开发。通过使用 NFS，客户机可以像访问本地目录一样访问远程服务器中的共享资源。

NFS 主要用于 Linux 的文件共享，也可以在其他支持 NFS 的操作系统上使用。它特别适用于需要在不同计算机之间共享大量数据和文件的场景，如企业服务器集群、数据中心等。

NFS 服务的实现依赖远程过程调用（remote procedure call，RPC）机制。NFS 服务启动后，会将自己的端口信息注册到 RPC 服务（如 rpcbind）中。客户机通过 RPC 服务获取 NFS 服务的端口信息，并与之建立连接。

RPC 是一种允许程序在网络上的另一台机器上执行代码并等待执行结果的协议。它隐藏了网络通信的细节，使远程调用看起来就像本地调用一样。NFS 服务本身不监听任何 TCP/IP 端口，以接收客户机的请求，而是依赖 RPC 服务来完成客户机请求处理这项工作。NFS 服务启动时，会向 RPC 注册自己的服务信息（如服务名、服务版本、服务程序端口等）。客户机想要访问 NFS 共享时，首先通过 RPC 服务查询 NFS 服务的具体信息，其中包括 NFS 服务监听的端口号，然后根据端口号直接连接到 NFS 服务上。

NFS 存储的文件访问具体流程如下。

（1）客户机请求：当客户机需要访问 NFS 服务器上的文件时，它会首先向 RPC 服务发送请求，查询 NFS 服务的端口号。

（2）RPC 服务响应：RPC 服务根据客户机的请求，查找 NFS 服务的信息，并将 NFS 服务的端口号返回给客户机。

（3）客户机连接 NFS 服务：客户机使用 RPC 服务返回的端口号，与 NFS 服务建立 TCP/IP 连接。

（4）文件操作：连接建立后，客户机可以向 NFS 服务发送文件操作请求（如打开、读取、写入、关闭文件等）。NFS 服务根据请求执行相应的操作，并将操作结果返回给客户机。

（5）数据传输：在文件操作过程中，数据（如文件内容、元数据等）在客户机和 NFS 服务器之间通过网络进行传输。NFS 定义了数据的编码格式和传输方式，以确保数据的正确性和完整性。

（6）关闭连接：文件操作完成后，客户机会关闭与 NFS 服务的连接。同时，NFS 服务也会释放相关的资源。

NFS 的优点体现在以下方面。

高可用性：NFS 可以实现不同计算机之间的文件和目录的备份和恢复，避免了单点故障。同时，它可以实现负载均衡，提高系统的可用性。

可扩展性：NFS 具有良好的可扩展性，可以在不改变现有系统架构的前提下，轻松添加新的计算机或存储设备。

成本优势：NFS 服务可以降低数据存储的成本，无须在每台计算机上存储相同的数据，从而避免了资源浪费。此外，NFS 设备的维护成本也较低。

简单易用：NFS 的配置和使用相对简单，不需要复杂的设置和管理。

NFS 的缺点体现在以下方面。

安全性问题：NFS 没有用户认证机制，且数据在网络上传输采用的是明文传送，因此安全性较差，一般只能在局域网中使用，且需要对用户权限和数据进行严格的管理和控制。

性能限制：由于网络传输的限制，NFS 的性能可能不如本地文件系统，尤其是在处理大文件或大量小文件时。

5.3.4　iSCSI 存储

iSCSI 是一种网络存储协议，它将 SCSI 与 IP 网络技术相结合，允许计算机通过 TCP/IP

网络访问远程存储设备。

iSCSI 是一种在 IP 网络（特别是以太网）上进行数据块传输的标准，是基于 IP 存储理论的新型存储技术。简单来说，iSCSI 就是在 IP 网络上运行 SCSI 协议的网络存储技术。

当客户机需要访问远程存储设备时，它会发送一个 iSCSI 请求，该请求被封装在 IP 数据包中，并通过网络传输到存储设备。存储设备接收到请求后，执行相应的操作，并将结果返回给客户机。

iSCSI 存储的工作流程可分为 4 个部分：初始化、发现、登录和传输。

（1）初始化：在主机初始化时，它会发送一个 iSCSI 请求到存储设备，以便与之建立连接。这个请求包含主机的身份信息和所需的存储资源信息。

（2）发现：在这个阶段，主机会向存储设备发送一个发现请求，以便获取存储设备的地址和可用存储资源的信息。存储设备接收到这个请求后，会返回一个发现响应，其中包含了存储设备的地址和可用存储资源的信息。

（3）登录：在这个阶段，主机会向存储设备发送一个登录请求，以便与存储设备建立连接，其中，登录请求包含主机的身份信息和要访问的存储资源的信息。存储设备接收到这个请求后会验证主机的身份信息，并返回一个登录响应，该响应包含与存储设备建立连接所需的信息。

（4）传输：在这个阶段，主机可以通过已建立的连接与存储设备进行数据的读/写操作。主机发送读/写请求到存储设备，并等待存储设备的响应。存储设备接收到请求后，会进行相应的数据处理，并返回一个响应给主机。

iSCSI 存储的优势体现在以下方面。

地域不受限：iSCSI 通过 TCP/IP 网络传输数据，传输距离可无限延伸。

高性能：iSCSI 使用 TCP/IP 提供可靠的数据传输和流量控制，可以实现高性能的存储访问。

灵活性：iSCSI 可以在现有的 IP 网络上运行，不需要额外的硬件和设备，部署和管理更加简单和灵活。

可扩展性：iSCSI 支持大规模的存储网络，并且可以轻松地扩展和添加新的存储设备。

成本效益：iSCSI 存储设备可与现有网络架构融合，减少额外硬件和网络设备的投入，有效降低企业存储成本。

iSCSI 存储的具体应用场景如下。

数据中心存储：在大型数据中心内，iSCSI 存储可以实现集中存储和共享访问，提高数据的管理效率和安全性。

虚拟化环境：在虚拟化环境中，iSCSI 存储可以提供高性能和高可靠的存储访问，满足虚拟机对存储的需求。

远程备份和恢复：iSCSI 存储可以用于远程备份和恢复数据，保护数据免受本地网络故障的影响。

远程数据复制和镜像：iSCSI 存储可以用于远程数据复制和镜像，提供数据的冗余和容错能力。

5.4 项目实践

5.4.1 安装 OpenFiler

OpenFiler 凭借其独特的功能和强大的性能，将遵循行业标准的 x86-64 架构系统巧妙地转换为成熟且完备的 NAS/SAN 设备或者 IP 存储网关。与此同时，它还为存储管理员提供了极具效力的强大工具，能够有效地应对日益增长且不断变化的存储需求，在存储领域展现出显著的优势和出色的适应性。

在复杂的多平台网络环境中进行存储分配和管理操作时，OpenFiler 确保网络管理员能够充分、高效地利用存储资源并最大程度地发挥系统性能优势，从而实现资源的优化配置和最大化利用。OpenFiler 提供了一系列关键功能，例如虚拟化的 iSCSI、光纤通道、高效的块级复制、高可用性等。本小节通过 VMware 工具展示 OpenFiler 的安装过程。

在 OpenFiler 官网上下载 OpenFilerISO 文件，其页面如图 5-4 所示。

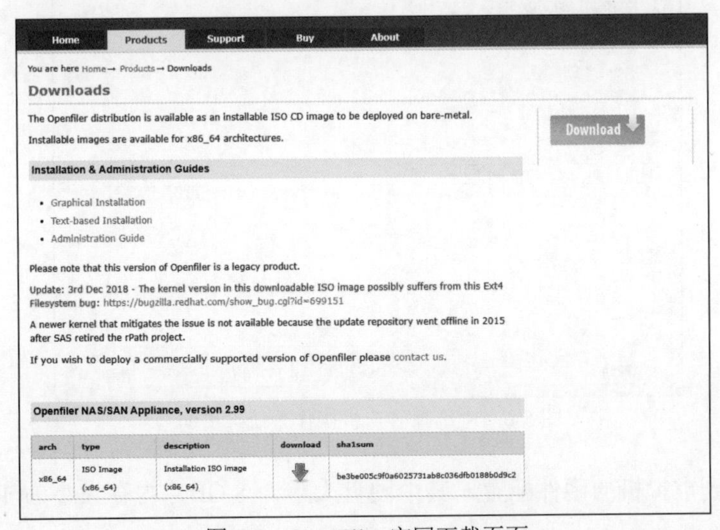

图 5-4 OpenFiler 官网下载页面

创建 OpenFiler 虚拟机环境。新建一个虚拟机，进入图 5-5 所示的“安装客户机操作系统”页面，在“安装程序光盘映像文件”处选择 OpenFiler ISO 镜像所在路径。

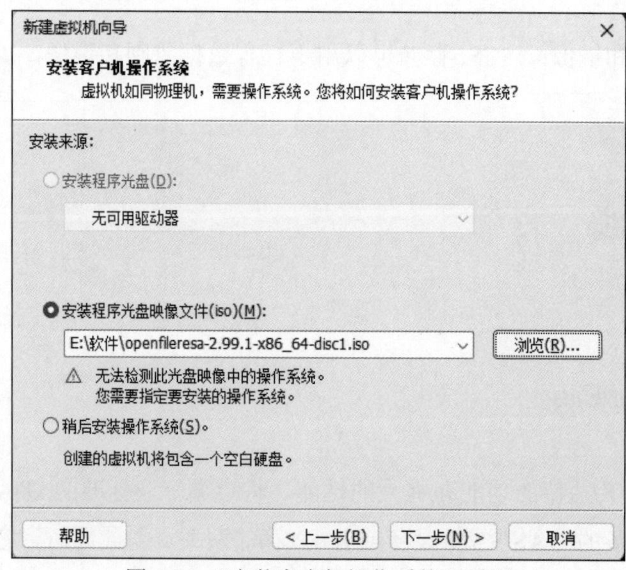

图 5-5　“安装客户机操作系统”页面

在图 5-6 所示“选择客户机操作系统”页面勾选“Linux(L)”，版本选择“其他 Linux 2.6.x 内核 64 位”。

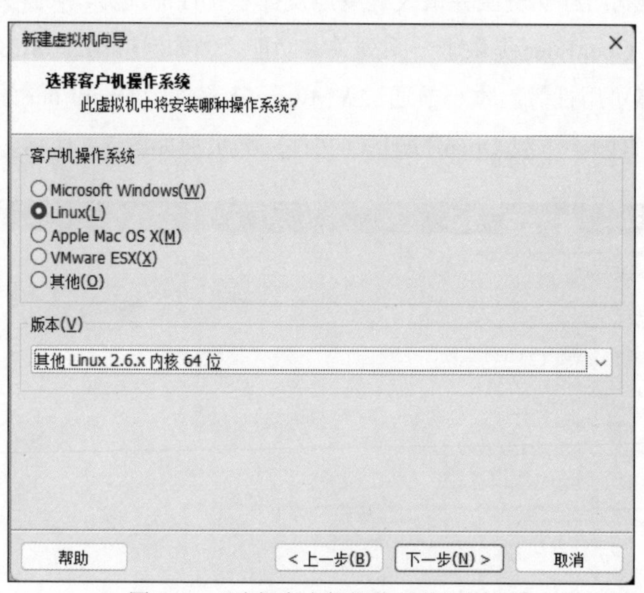

图 5-6　“选择客户机操作系统”页面

这时可看到虚拟机的硬件配置，其中硬盘大小为 8 GB，内存大小为 1024 MB，如图 5-7 所示。单击“完成”，便可实现虚拟机环境的创建。

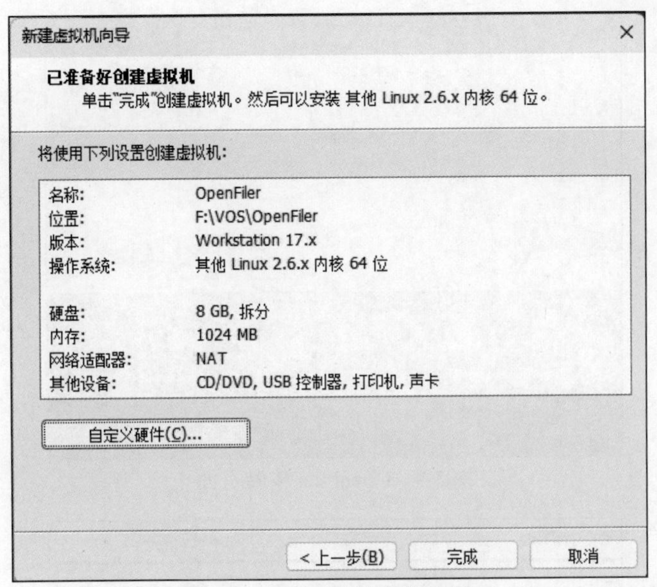

图 5-7　虚拟机硬件配置页面

在刚创建完成的 OpenFiler 虚拟机中，增加 2 个 20 GB 的硬盘，其页面如图 5-8 所示。

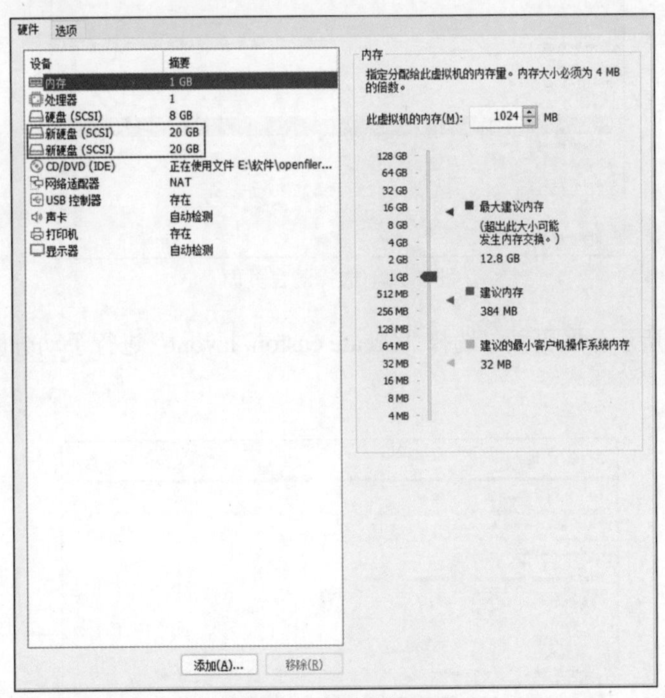

图 5-8　增加硬盘页面

启动虚拟机，进入图 5-9 所示 OpenFiler 安装页面。在该页面中，按回车键进入下一步。

在图 5-10 所示选择语言页面，键盘布局选择“U.S. English”，单击“Next”进入下一步。

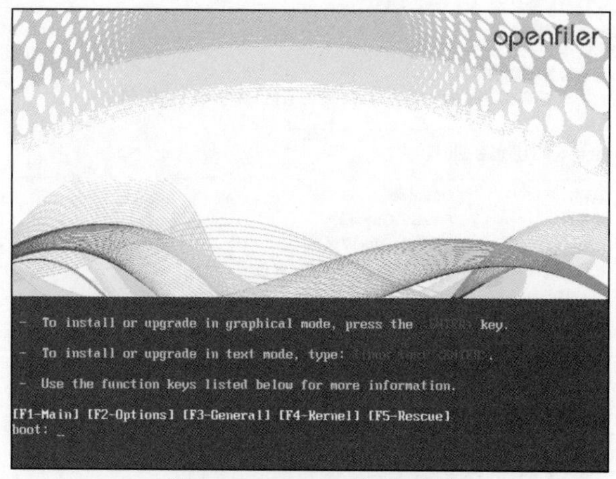

图 5-9　OpenFiler 安装页面

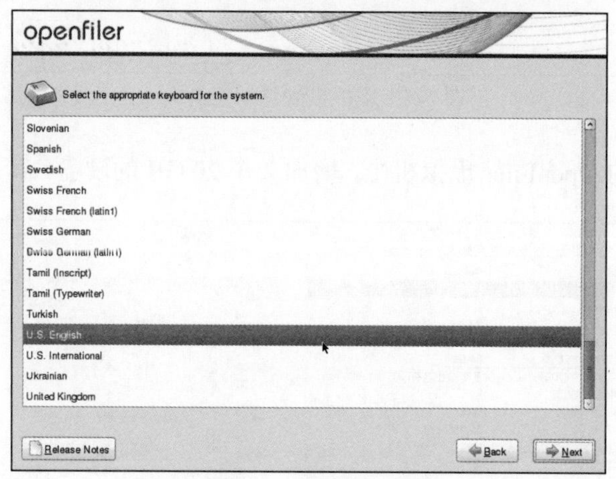

图 5-10　选择语言页面

进入图 5-11 所示分区页面，选择“Create custom layout”进行手动分区，单击“Next”进行下一步。

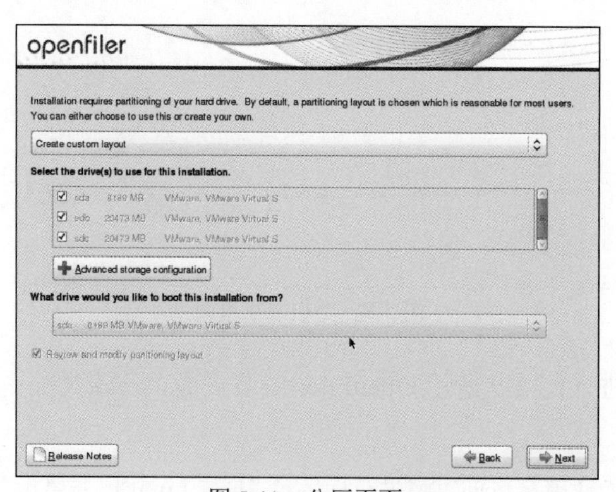

图 5-11　分区页面

在手动分区页面中设置 3 个分区：引导分区、交换分区和根分区。引导分区“/boot”的大小为 1024 MB，如图 5-12 所示；交换分区“swap”的大小为 2048 MB，如图 5-13 所示；根分区“/”的大小为 5114 MB，如图 5-14 所示。其余空间保持空闲状态。

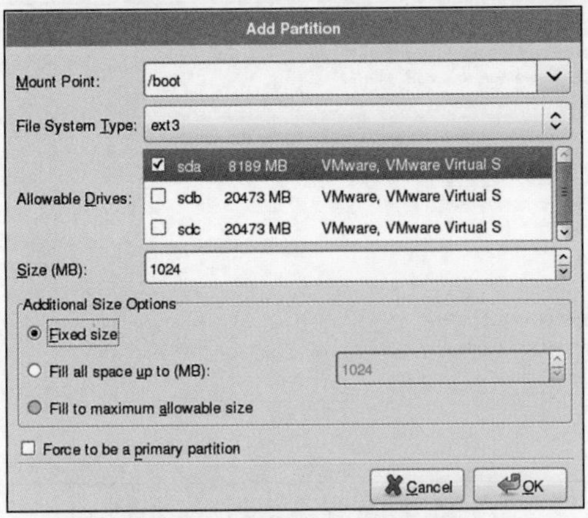

Add Partition
Mount Point: /boot
File System Type: ext3
Allowable Drives:
sda 8189 MB VMware, VMware Virtual S
sdb 20473 MB VMware, VMware Virtual S
sdc 20473 MB VMware, VMware Virtual S
Size (MB): 1024
Additional Size Options
Fixed size
Fill all space up to (MB): 1024
Fill to maximum allowable size
Force to be a primary partition
Cancel OK

图 5-12　引导分区设置页面

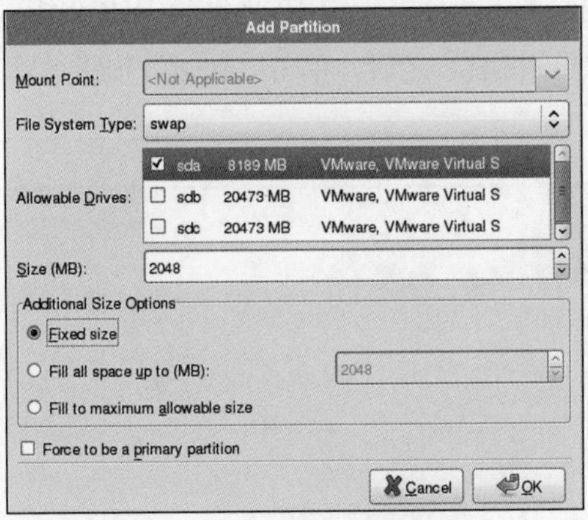

Add Partition
Mount Point: <Not Applicable>
File System Type: swap
Allowable Drives:
sda 8189 MB VMware, VMware Virtual S
sdb 20473 MB VMware, VMware Virtual S
sdc 20473 MB VMware, VMware Virtual S
Size (MB): 2048
Additional Size Options
Fixed size
Fill all space up to (MB): 2048
Fill to maximum allowable size
Force to be a primary partition
Cancel OK

图 5-13　交换分区设置页面

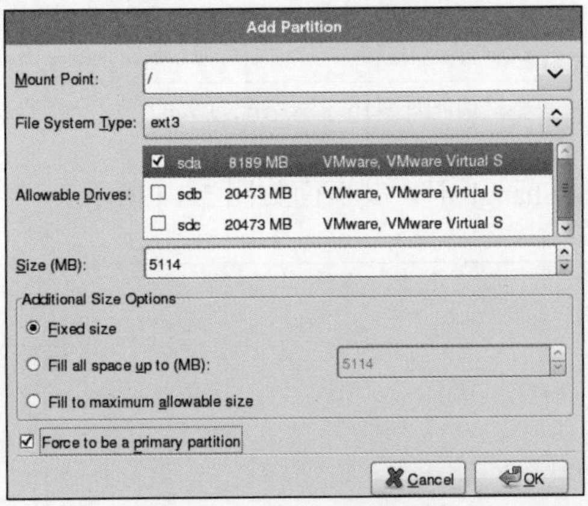

Add Partition
Mount Point: /
File System Type: ext3
Allowable Drives:
sda 8189 MB VMware, VMware Virtual S
sdb 20473 MB VMware, VMware Virtual S
sdc 20473 MB VMware, VMware Virtual S
Size (MB): 5114
Additional Size Options
Fixed size
Fill all space up to (MB): 5114
Fill to maximum allowable size
Force to be a primary partition
Cancel OK

图 5-14　根分区设置页面

在图 5-15 所示引导程序安装位置设置页面，将引导程序安装在/dev/sda2/下，单击“Next”进入下一步。

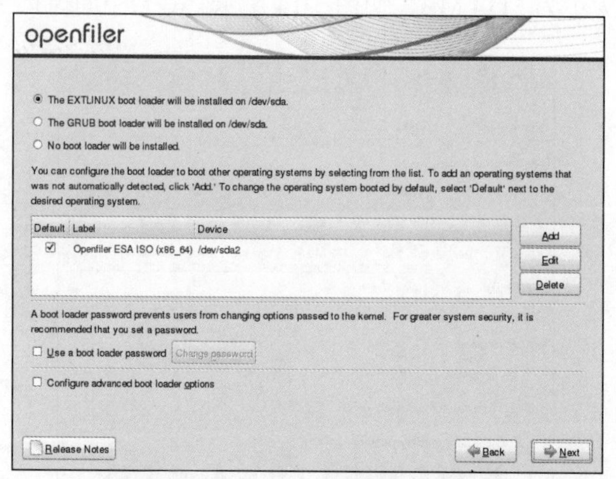

图 5-15　引导程序安装位置设置页面

进入图 5-16 所示网络配置页面，设置 IP 地址为 DHCP 模式，勾选“manually”，并在文本框中输入自定义的主机名。之后，单击“Next”按钮进行下一步。

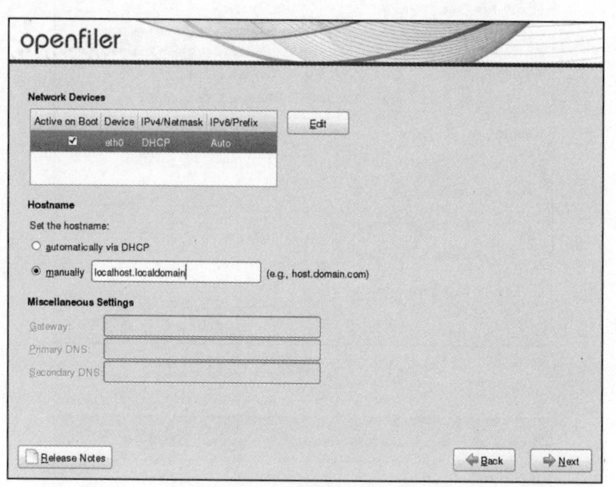

图 5-16　网络配置页面

将时区设置为“Asia/Shanghai”，其页面如图 5-17 所示。

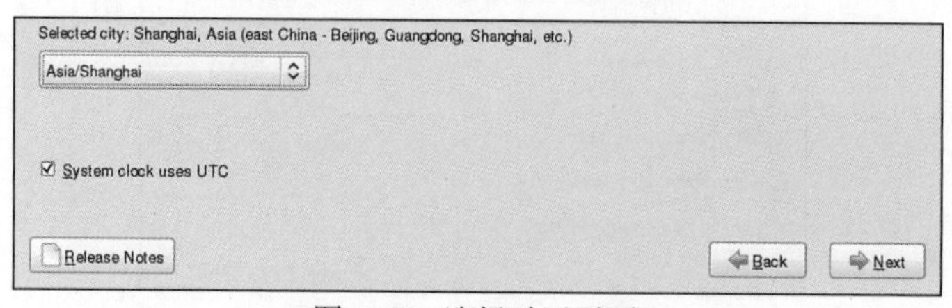

图 5-17　选择时区页面

设置管理员用户名和密码，其页面如图 5-18 所示。之后，单击“Next”按钮，进入安装页面，等待安装完成。

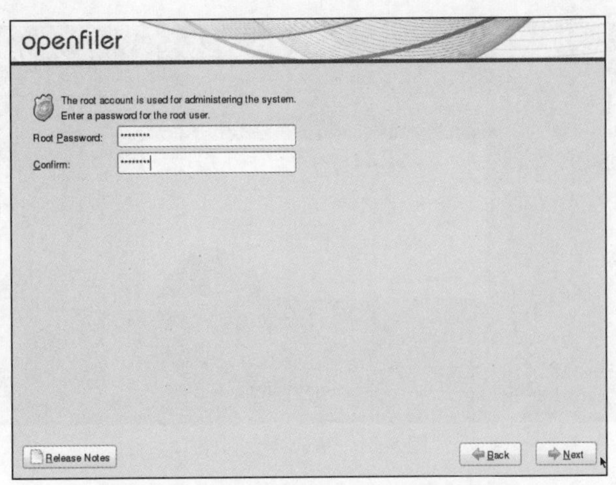

图 5-18　设置管理员用户名和密码页面

安装完成后，在图 5-19 所示页面单击“Reboot”，重启虚拟机，进入图 5-20 所示页面。

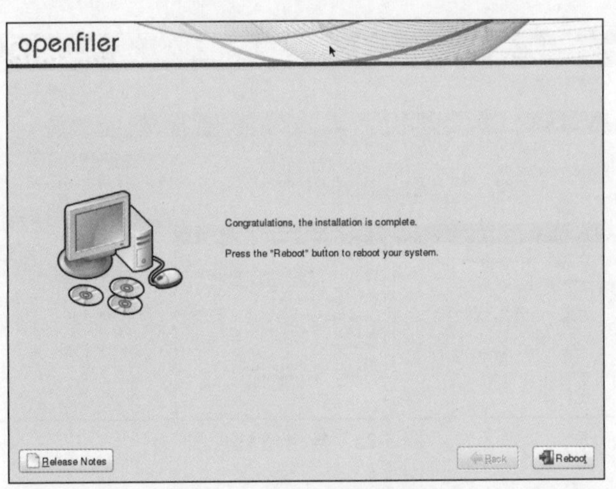

图 5-19　系统安装完成页面

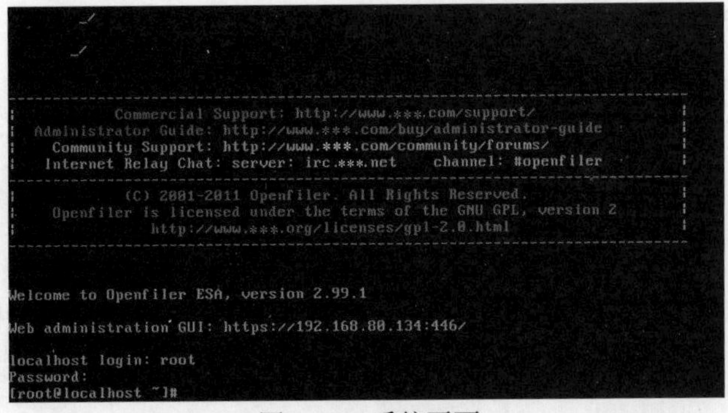

图 5-20　系统页面

在浏览器中输入图 5-20 中的“Web administration GUI”地址，本项目为内部网址 https://192.168.80.134:446/，打开的 Web 登录页面如图 5-21 所示。

图 5-21　Web 登录页面

OpenFiler 给我们提供了默认账号，其中的用户名为 openfiler，密码为 password。这里使用默认账号登录，进入图 5-22 所示 OpenFiler 的 Web 管理页面。

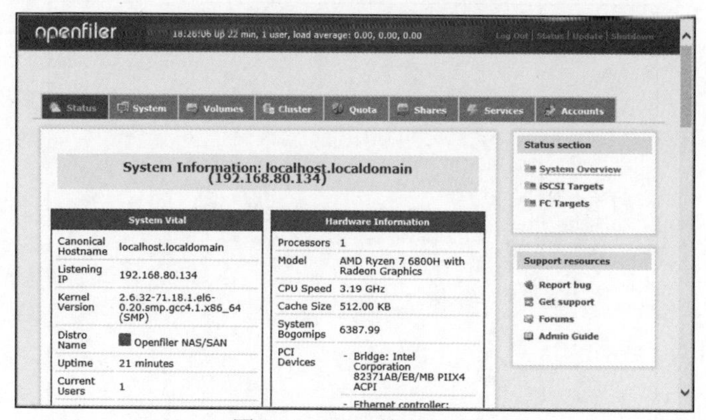

图 5-22　Web 管理页面

5.4.2　使用 OpenFiler 搭建 NFS 存储

安装完 OpenFiler 后，使用系统默认的账号 openfiler 登录 Web 管理页面，搭建 NFS 存储，具体操作如下。

配置允许访问 OpenFiler 的网段。单击图 5-22 所示页面“System”选项卡，进入网络配置页面，在“Network Access Configuration”栏中添加允许连接 OpenFiler 的网段，本项目配置的网段为“192.168.3.0”，如图 5-23 所示。配置完成后，单击“Update”将该网段添加至白名单。

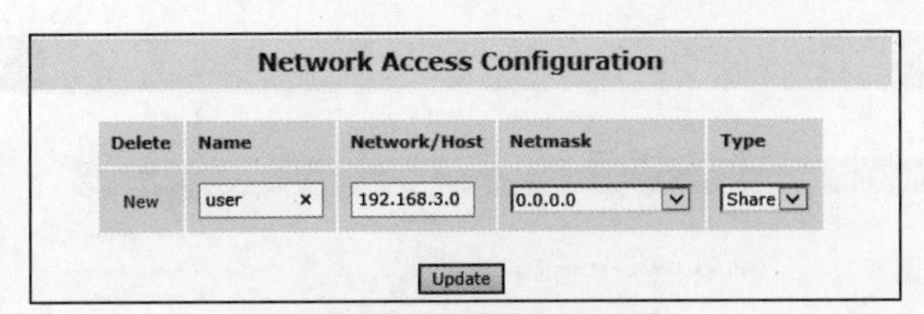

图 5-23　网络配置页面

开启 NFS Server 服务。在图 5-24 所示 Web 管理页面上，单击“Services”选项卡，进入服务管理列表。在“NFS Server”行，单击“Enable”将服务状态设置为启用，并单击“Start”启动服务。

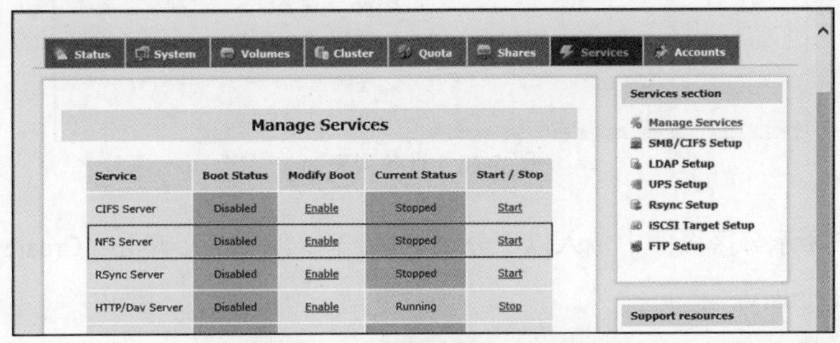

图 5-24　启动 NFS Server 服务

创建存储卷。在 Web 管理页面上单击“Volumes”选项卡进入存储卷组管理页面，如图 5-25 所示，单击“Create a new volume group”链接，创建新的存储卷。

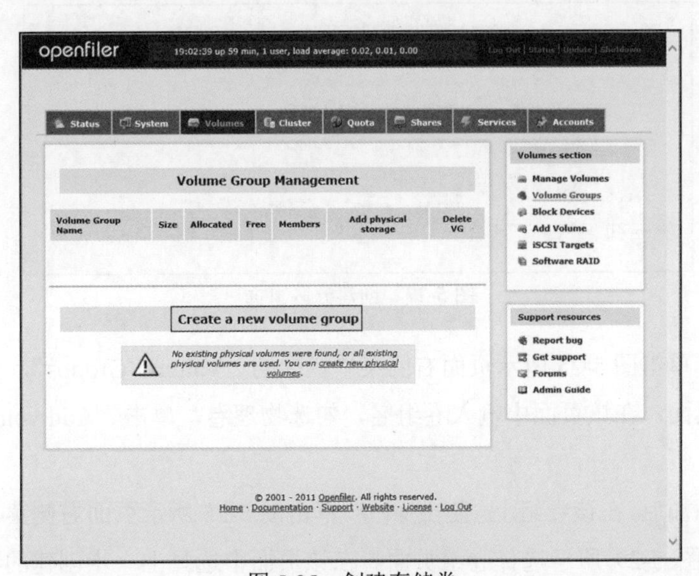

图 5-25　创建存储卷

在图 5-26 所示设备列表中，选择设备列表中第二个设备“/dev/sdb”磁盘，单击“/dev/sdb”进入分区页面。

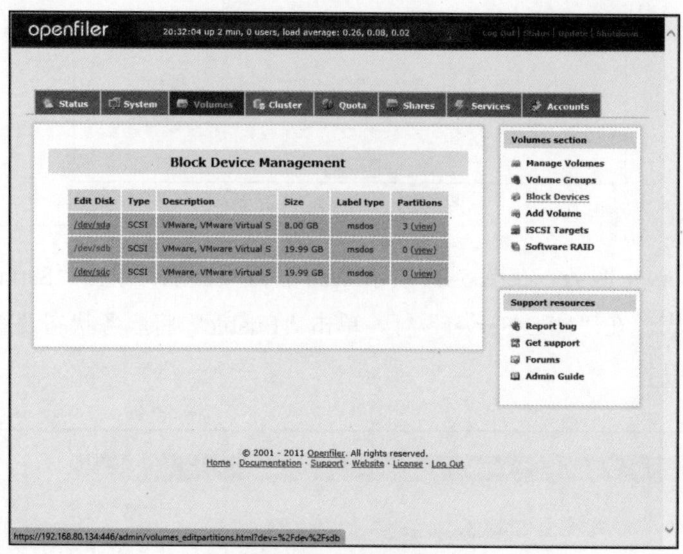

图 5-26　设备列表

在图 5-27 所示分区页面中输入以下分区信息。输入完成后，单击“Create”创建分区。

- Mode: Primary。
- Partition Type: Physical volume。
- Starting cylinder: 1。
- Ending cylinder: 2610。

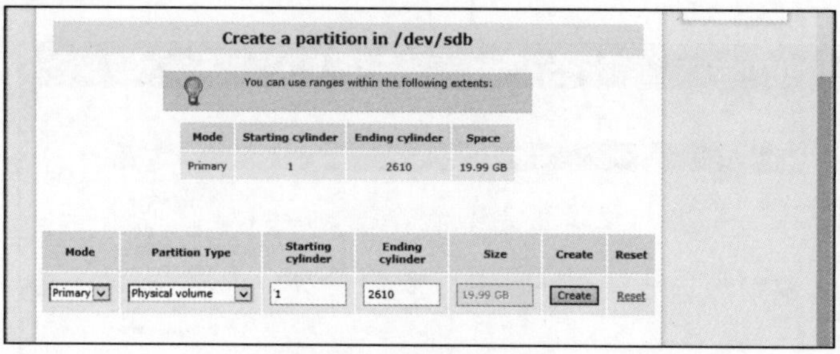

图 5-27　创建分区页面

创建卷组。单击图 5-25 所示页面右侧菜单栏中的“Volume Groups”，进入图 5-28 所示的创建卷组页面，在该页面中输入卷组名，勾选物理卷，单击“Add volume group”完成卷组的创建。

完成卷组添加后，在该卷组上创建逻辑卷。单击图 5-25 所示页面右侧菜单栏中的“Add Volume”，进入图 5-29 所示选择卷组页面。在该页面中选择上一步创建的卷组“nfsv”，单击“Change”进行卷组切换。在图 5-30 所示页面中填写逻辑卷信息：输入存储卷名（Volume Name），将“Required Space(MB)”滑动条拖到最右端，设置为最大值，“Filesystem/Volume type”选择“XFS”选项，之后单击“Create”完成创建。

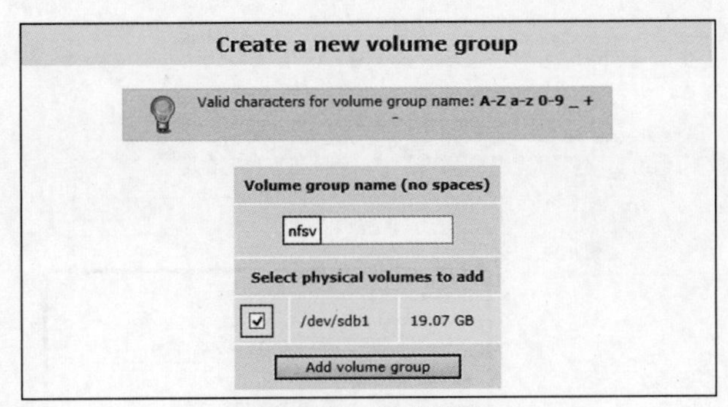

图 5-28　创建卷组

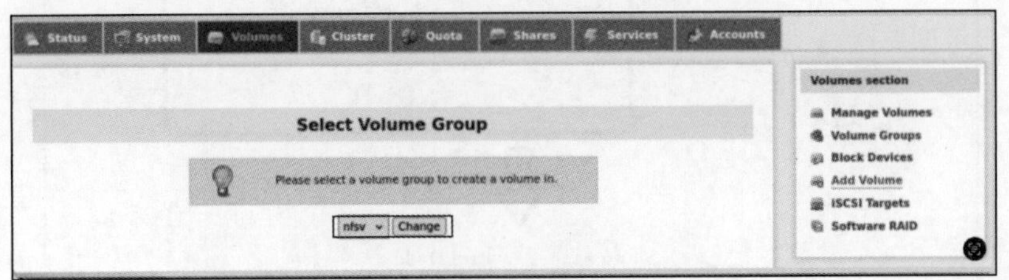

图 5-29　选择卷组

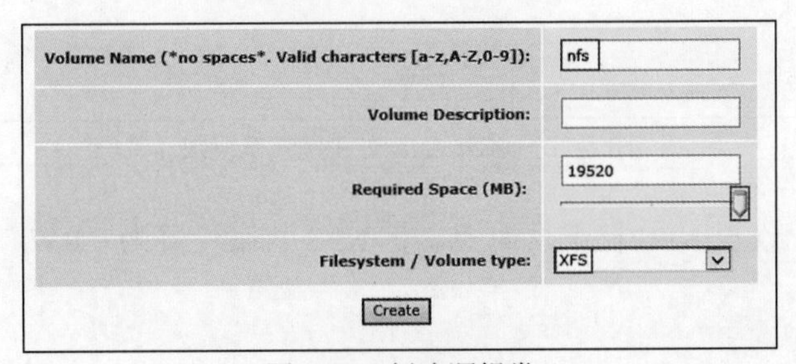

图 5-30　创建逻辑卷

NFS 共享卷配置。单击 Web 管理页面的“Shares”选项卡，在共享页面中，单击“nfs”共享卷，并在该卷下创建“data”文件夹，如图 5-31 所示。

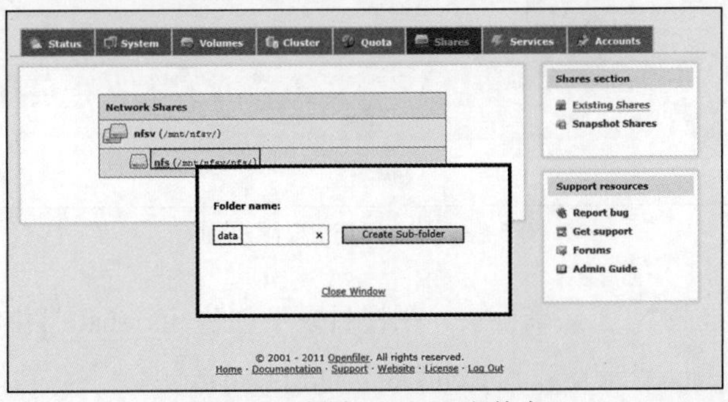

图 5-31　创建“data”文件夹

单击“data”文件夹，然后单击“Make Share”进入图 5-32 所示共享权限编辑页面，设置共享模式为“Public guest access”模式，并单击“Update”更新共享模式。

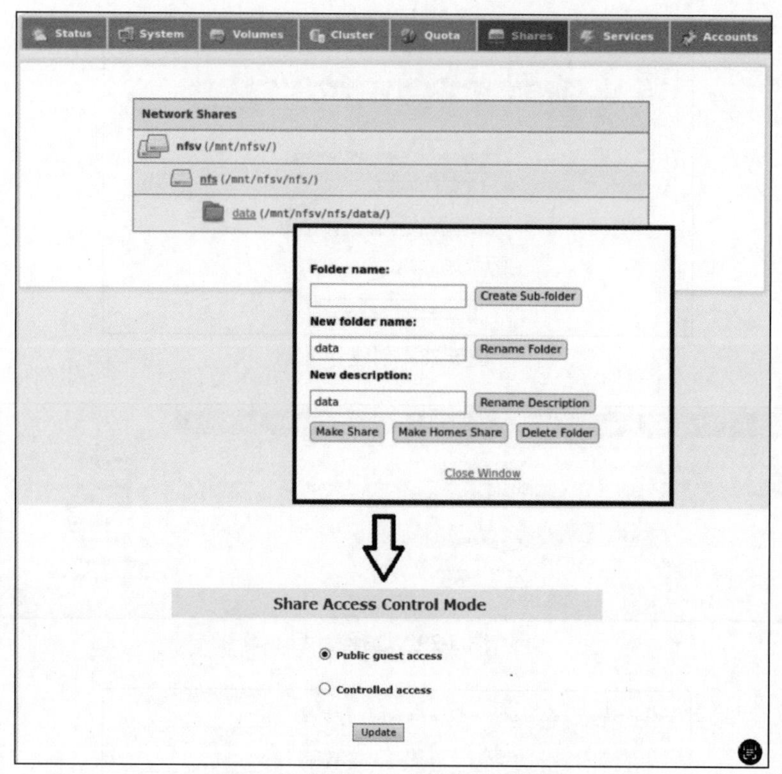

图 5-32 编辑 data 文件夹共享权限

在图 5-33 所示设置 NFS 权限页面中，将 NFS 权限设置为“RW”，单击“Update”完成配置更新。

Host access configuration (/mnt/nfsv/nfs/data/)

[Back to shares list]

Name	Network	SMB/CIFS SMB/CIFS Options Restart services			NFS				HTTP(S) / WebDAV			FTP			Rsync Rsync Options		
		No	RO	RW	No	RO	RW	Options	No	RO	RW	No	RO	RW	No	RO	RW
user	192.168.3.0	◉	○	○	○	○	◉	Edit	◉	○	○	◉	○	○	◉	○	○

Update

图 5-33 设置 NFS 权限页面

在 CentOS 7 中挂载 NFS 共享目录。在根目录下创建 nfs_share 目录，将 OpenFiler 共享目录/mnt/nfsv/nfs/data/目录挂载到 CentOS 7 的/nfs_share 目录下，具体命令如下。

```
[root@localhost /]# mkdir /nfs_share
[root@localhost /nfs_share]# mount -t nfs 192.168.80.134:/mnt/nfsv/nfs/
data /nfs_share
```

在 CentOS 7 的/nfs_share 目录下新建一个 test.txt 文件，具体命令如下。

```
[root@localhost /]# cd /nfs_share/
[root@localhost /nfs_share]# touch test.txt
```

创建完成后，在 OpenFiler 中可以看到，/mnt/nfsv/nfs/data/目录下生成了一个 test.txt 文件，所用命令如下。

```
[root@localhost ~]# cd /mnt/nfsv/nfs/data/
[root@localhost data]# ls
```

上述命令的执行结果如图 5-34 所示。

```
[root@localhost data]# cd /mnt/nfsv/nfs/data
[root@localhost data]# ls
test.txt
```

图 5-34　test.txt 文件创建结果

从以上操作可以发现，CentOS 7 创建的文件会同步到 OpenFiler 中。此时，我们已经成功将 CentOS 7 的/nfs_share 目录挂载到 OpenFiler 上。

5.4.3　使用 OpenFiler 搭建 iSCSI 存储

使用 OpenFiler 搭建 iSCSI 存储的具体操作如下。

启动 iSCSI 服务。单击“Services”菜单，找到“iSCSI Target”和“iSCSI Initiator”服务，单击“Enable”启用这两个服务，单击“Start”启动两个服务，如图 5-35 所示。

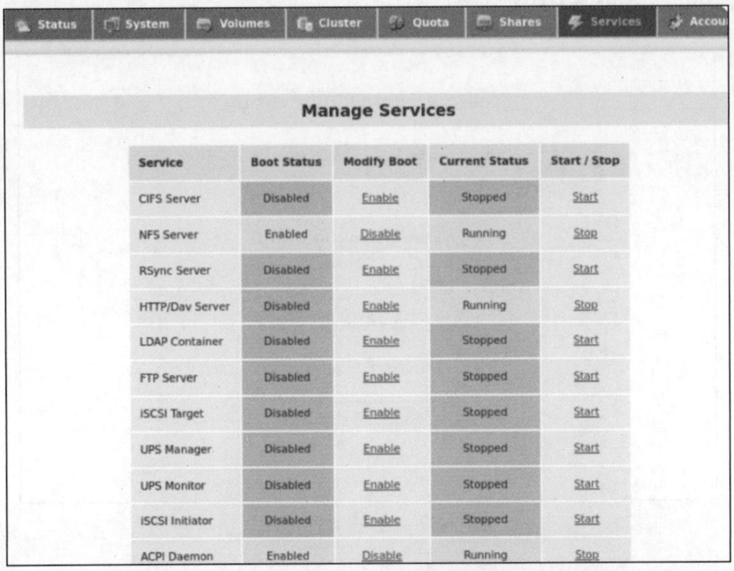

Status　System　Volumes　Cluster　Quota　Shares　Services　Accou

Manage Services

Service	Boot Status	Modify Boot	Current Status	Start / Stop
CIFS Server	Disabled	Enable	Stopped	Start
NFS Server	Enabled	Disable	Running	Stop
RSync Server	Disabled	Enable	Stopped	Start
HTTP/Dav Server	Disabled	Enable	Running	Stop
LDAP Container	Disabled	Enable	Stopped	Start
FTP Server	Disabled	Enable	Stopped	Start
iSCSI Target	Disabled	Enable	Stopped	Start
UPS Manager	Disabled	Enable	Stopped	Start
UPS Monitor	Disabled	Enable	Stopped	Start
iSCSI Initiator	Disabled	Enable	Stopped	Start
ACPI Daemon	Enabled	Disable	Running	Stop

图 5-35　启动 iSCSI Target 和 iSCSI Initiator 服务

创建存储卷。单击图 5-25 所示页面右侧菜单栏中的“Block Devices”，进入设备管理列表。选择磁盘，单击“/dev/sdc”进入分区页面，在图 5-36 所示分区页面中输入以下信息，配置物理卷。

- Mode: Primary。
- Partition Type: Physical volume。
- Starting cylinder: 1。
- Ending cylinder: 2610。

输入完成后，单击“Create”创建分区。

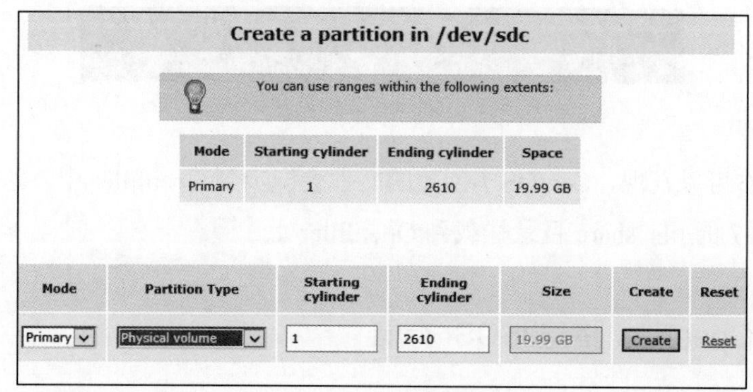

图 5-36　配置物理卷

创建卷组。单击图 5-25 所示页面右侧菜单栏中的“Volume Groups”，进入创建卷组页面。在该页面中输入卷组名 isvg，勾选物理卷“/dev/sdc1”，如图 5-37 所示。之后单击“Add volume group”完成卷组的创建。

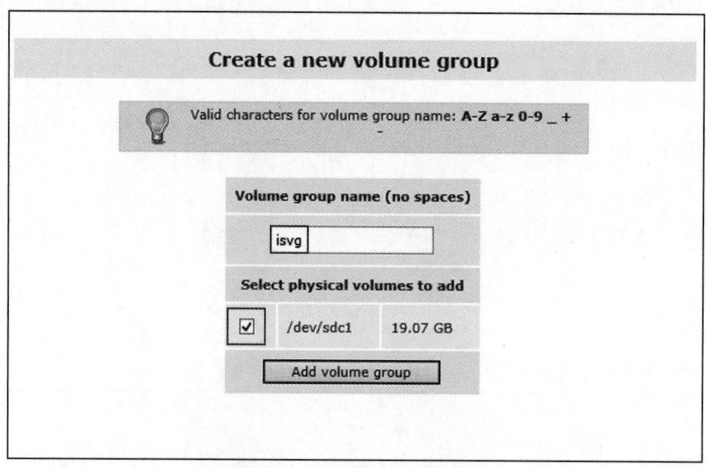

图 5-37　创建 isvg 卷组

完成卷组添加后，在该卷组上创建逻辑卷。单击图 5-25 所示页面右侧菜单栏中的“Add Volume”，进入管理页面。在该页面中选择刚创建的卷组“isvg”，如图 5-38 所示，单击“Change”切换卷组。

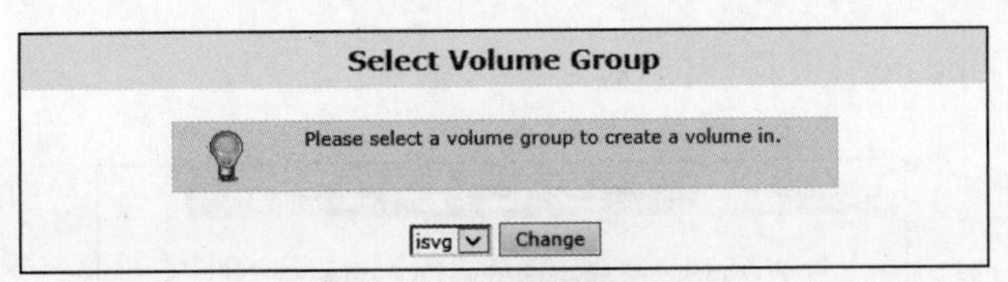

图 5-38　选择卷组 isvg

在图 5-39 所示页面中填写逻辑卷信息，输入存储卷名 isv；将“Requried Space(MB)”拖到条滑到最右端，设置为最大值；“Filesystem/Volume type”选择“block(iSCSI, FC, etc)”，如图 5-39 所示。完成设置后单击“Create”完成逻辑卷信息的配置。

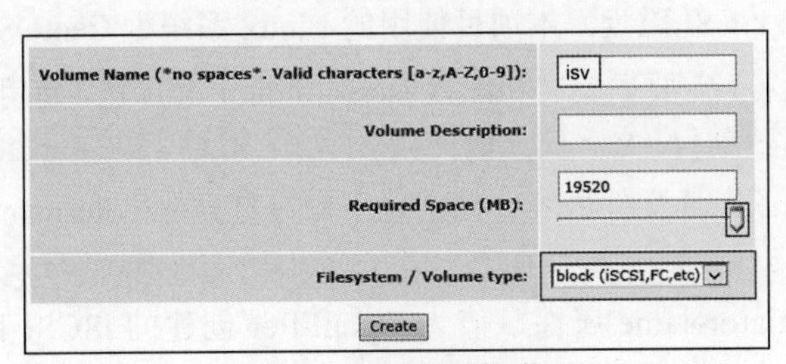

图 5-39　配置逻辑卷

配置 iSCSI 共享卷。在图 5-25 所示页面单击右侧菜单栏中的“iSCSI Targets”，在图 5-40 所示页面单击“Add”，添加一个新的 iSCSI 目标。

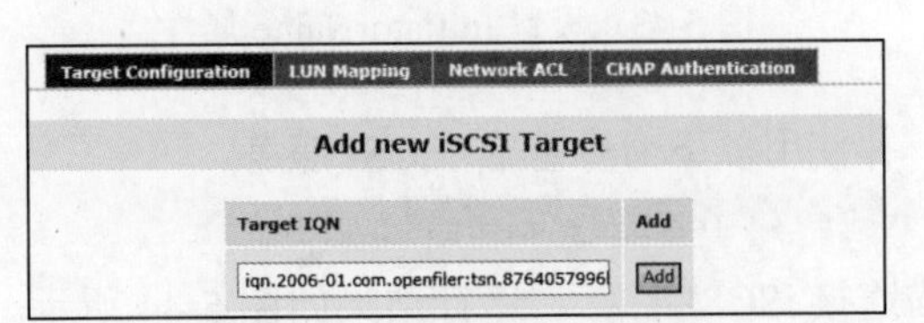

图 5-40　添加新的 iSCSI 目标

添加完成后，单击“LUN Mapping”标签，在图 5-41 所示页面中单击“Map”。

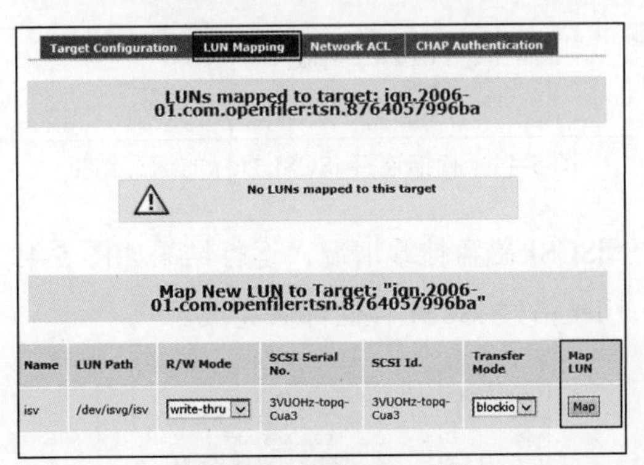

图 5-41　配置 LUN 映射

在图 5-41 页面单击“Network ACL”标签，设置“Access”的值为“Allow”，如图 5-42

所示。之后单击“Update”更新访问权限。

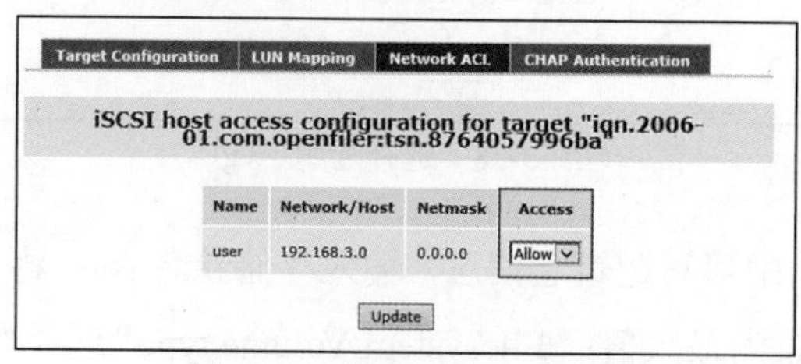

图 5-42　修改“Access”值

在 Linux 中添加 iSCSI 磁盘。本项目使用的 Linux 系统为 CentOS 7，而在 CentOS 系统中要挂载 iSCSI 设备，需要先安装和配置 iscsi-initiator-utils 包，使用以下命令进行安装。

```
[root@localhost ~]# yum install -y scsi-initiator-utils
```

修改 initiatorname.iscsi 文件内容，使用以下命令打开 initiatorname.iscsi 文件。

```
[root@localhost ~]# vim /etc/iscsi/initiatorname.iscsi
```

将文件中的 InitiatorName 属性赋值为 OpenFiler 创建的 iSCSI 目标名称，如图 5-43 所示。

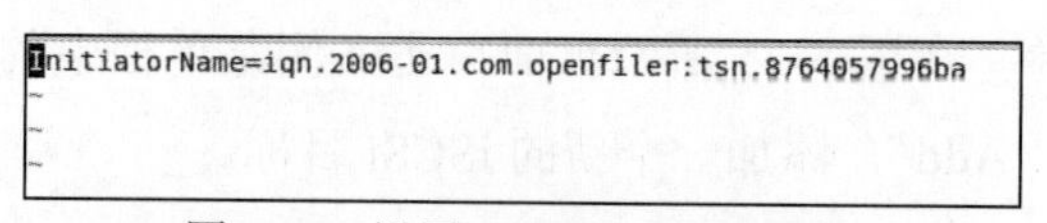

图 5-43　设置 InitiatorName 属性

保存文件后退出，并使用以下命令重启 iSCSI 服务。

```
[root@localhost ~]# systemctl restart iscsid
```

使用以下命令扫描连接 iSCSI 目标，运行结果如图 5-44 所示。

```
[root@localhost ~]# iscsiadm -m discovery -t sendtargets -p 192.168.80.134
-discover
[root@localhost ~]# iscsiadm -m node -p 192.168.80.134 -l
```

```
[root@localhost iscsi]# iscsiadm -m discovery -t sendtargets -p 192.168.80.134 -discover
192.168.80.134:3260,1 iqn.2006-01.com.openfiler:tsn.8764057996ba
[root@localhost iscsi]# iscsiadm -m node -p 192.168.80.134 -l
Logging in to [iface: default, target: iqn.2006-01.com.openfiler:tsn.8764057996ba, portal: 192.168.80.134,3260] (multiple)
Login to [iface: default, target: iqn.2006-01.com.openfiler:tsn.8764057996ba, portal: 192.168.80.134,3260] successful.
```

图 5-44　扫描连接 iSCSI 目标的运行结果

使用 lsblk 命令查看 iSCSI 磁盘挂载情况，运行结果如图 5-45 所示，其中，sdb 代表 iSCSI 磁盘。至此 OpenFiler 搭建 iSCSI 存储部署完成。

```
[root@localhost iscsi]# lsblk
NAME   MAJ:MIN RM  SIZE RO TYPE MOUNTPOINT
sda      8:0    0   60G  0 disk
├─sda1   8:1    0  300M  0 part /boot
├─sda2   8:2    0    6G  0 part [SWAP]
└─sda3   8:3    0 53.7G  0 part /
sdb      8:16   0 19.1G  0 disk
sr0     11:0    1 1024M  0 rom
```

图 5-45　查看 iSCSI 磁盘挂载情况运行结果

5.4.4 HDFS 的安装、配置和使用

HDFS 是 Apache Hadoop 核心组件之一。HDFS 被设计成适合在通用硬件上运行的分布式文件系统，是专为存储和管理大数据集而设计的，与 Hadoop 的 MapReduce 计算框架紧密结合，能够处理拍字节（PB）级甚至艾字节（EB）级数据量。

HDFS 通过将数据分散存储在多个节点上，实现了存储容量的水平扩展。随着数据量的不断增长，网络只需添加数据节点，就能够增加整个文件系统的存储容量。HDFS 提供数据冗余机制，每个数据块会在不同的数据节点上保存 3 个副本。即使部分数据节点出现故障，数据也不会丢失，从而保证了数据的可靠性。

HDFS 架构如图 5-46 所示。NameNode 是 HDFS 的主节点，作为主服务器，负责管理文件系统的命名空间和客户机对文件的访问。NameNode 存储了文件系统的元数据，其中包括文件名、文件属性、数据块位置等信息。

DataNode 是 HDFS 的从节点，负责实际存储数据块。每个 DataNode 定期向 NameNode 发送心跳信息，报告自己的状态以及所存储的数据块信息。

Secondary NameNode 主要负责辅助 NameNode 进行元数据的持久化和合并操作，定期从 NameNode 上获取 fsimage 和 editslog，将二者合并生成新的 fsimage，推送给 NameNode。这样做可以减少 NameNode 在重启时加载 fsimage 的时间，提高系统启动效率。

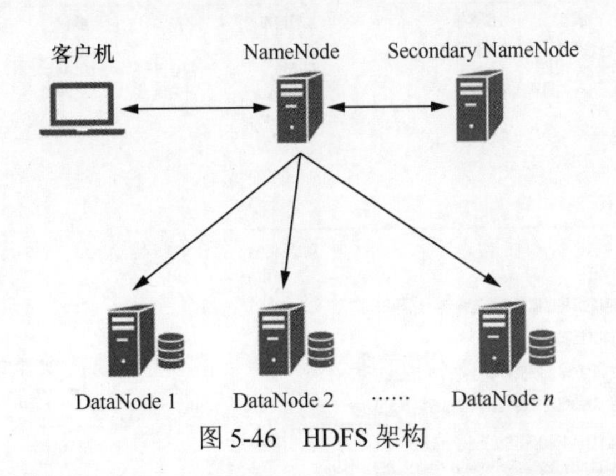

图 5-46 HDFS 架构

客户机负责与 NameNode 和 DataNode 交互，用户可以通过客户机向 NameNode 发出请求，获取文件的元数据信息，并在 DataNode 上进行数据的读/写操作。

下面通过一个实验介绍搭建 Hadoop 完全分布式集群的具体操作。本实验使用 3 台机器搭建一个有 3 个节点的集群环境，其中一台机器作为 master 节点，具体的集群规划如表 5-1 所示。

表 5-1　Hadoop 集群规划表

节点	进程
master	NameNode、DataNode
slaves1	DataNode、SecondaryNameNode
slaves2	DataNode

在搭建 Hadoop 完全分布式集群之前，我们需要先完成一些准备工作，例如配置网络、关闭防火墙、安装 SSH 和安装 JDK 环境等。

1. 配置静态网络

动态分配的 IP 地址是临时的，它会在一定时间内被释放出来让其他机器使用，使用这种方式获取的 IP 地址不固定，会导致集群不稳定，因此，我们需要设置静态 IP，具体操作如下。

使用以下命令编辑/etc/sysconfig/network-scripts/ifcfg-ens33 文件。

```
[root@master ~]# vim /etc/sysconfig/network-scripts/ifcfg-ens33
```

上述文件为网卡配置文件，我们将文件中的 BOOTPROTO 属性修改为 static，具体如下。

```
BOOTPROTO="static"
```

单击 VMware“编辑”菜单的“虚拟网络编辑器”，打开“虚拟网络编辑器”页面，如图 5-47 所示。可以看到，VMnet8 网卡的子网 IP 地址为 192.168.80.0。

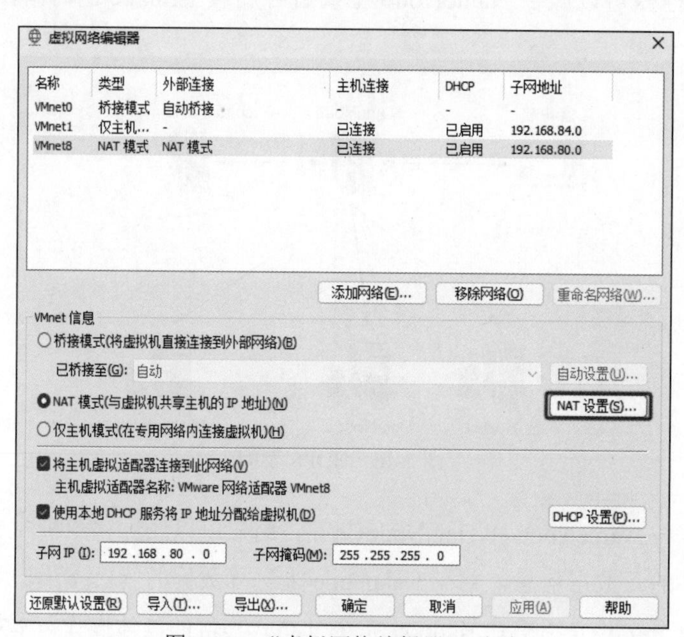

图 5-47　“虚拟网络编辑器”页面

在图 5-47 所示页面单击“NAT 设置”，查看网关 IP 地址，如图 5-48 所示。

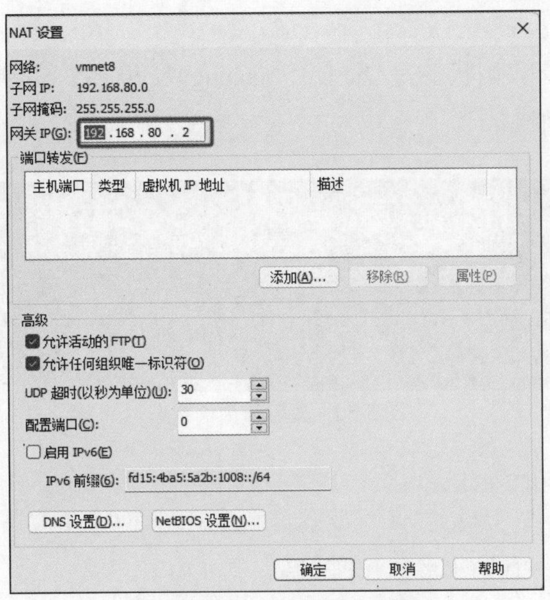

图 5-48 “NAT 设置”页面

向 ifcfg-ens33 文件添加以下内容。

```
IPADDR=192.168.80.160
# 前 3 个数必须与网关 IP 的前 3 个数保持一致，最后一个数则随机填入 1～255 之间的数字，
组成新的 IP 地址，该 IP 地址必须是未被占用的
GATEWAY=192.168.80.2    # 输入 VMnet8 网卡的子网 IP 地址
DNS1=114.114.114.114
```

重启网络，具体命令如下。

```
[root@master  ~]# systemctl restart network
```

下面使用 ifconfig 命令查看网络是否生效，其结果如图 5-49 所示。图中的 ens33 网卡的 IP 地址与配置文件中的 IP 地址一致，至此静态网络配置完成。

```
[root@master ~]# ifconfig
ens33: flags=4163<UP,BROADCAST,RUNNING,MULTICAST>  mtu 1500
        inet 192.168.80.160  netmask 255.255.255.0  broadcast 192.168.80.255
        inet6 fe80::b87a:f453:3e74:fb2f  prefixlen 64  scopeid 0x20<link>
        ether 00:0c:29:3d:5f:2d  txqueuelen 1000  (Ethernet)
        RX packets 42  bytes 3754 (3.6 KiB)
        RX errors 0  dropped 0  overruns 0  frame 0
        TX packets 53  bytes 4382 (4.2 KiB)
        TX errors 0  dropped 0 overruns 0  carrier 0  collisions 0

lo: flags=73<UP,LOOPBACK,RUNNING>  mtu 65536
        inet 127.0.0.1  netmask 255.0.0.0
        inet6 ::1  prefixlen 128  scopeid 0x10<host>
        loop  txqueuelen 1000  (Local Loopback)
        RX packets 0  bytes 0 (0.0 B)
        RX errors 0  dropped 0  overruns 0  frame 0
        TX packets 0  bytes 0 (0.0 B)
        TX errors 0  dropped 0 overruns 0  carrier 0  collisions 0
```

图 5-49 使用 ifconfig 命令查看网络是否生效结果

2. 关闭防火墙和 SELinux

CentOS 7 默认开机时启动防火墙，因此我们要关闭防火墙，并取消开机自动启动防火墙的设置。查看当前防火墙状态，具体命令如下。

```
[root@master  ~]# systemctl status firewalld.service
```

如果防火墙未关闭，则状态为“active（running）”。从图 5-50 所示结果可以看出，我们需要手动关闭防火墙。

```
[root@master ~]# systemctl status firewalld.service
● firewalld.service - firewalld - dynamic firewall daemon
   Loaded: loaded (/usr/lib/systemd/system/firewalld.service; enabled; vendor preset: enabled)
   Active: active (running) since Tue 2023-12-12 16:10:45 CST; 1h 27min ago
     Docs: man:firewalld(1)
 Main PID: 765 (firewalld)
   CGroup: /system.slice/firewalld.service
           └─765 /usr/bin/python2 -Es /usr/sbin/firewalld --nofork --nopid
```

图 5-50　查看防火墙状态

使用以下命令关闭防火墙。

```
[root@master ~]# systemctl stop firewalld.service
```

使用 disable 命令关闭防火墙的开机自启，具体如下。

```
[root@master ~]# systemctl disable firewalld.service
```

之后，使用以下命令重新查看防火墙的状态。

```
[root@master ~]# systemctl status firewalld.service
```

得到的防火墙状态如 5-51 所示，变为了“inactive(dead)”状态。由此可知，防火墙已关闭。

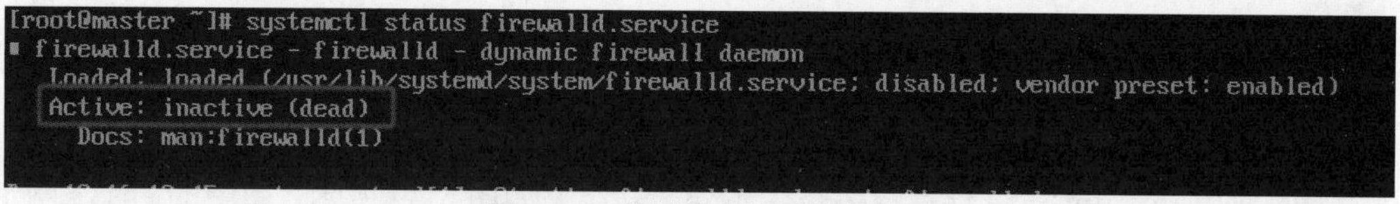

```
[root@master ~]# systemctl status firewalld.service
● firewalld.service - firewalld - dynamic firewall daemon
   Loaded: loaded (/usr/lib/systemd/system/firewalld.service; disabled; vendor preset: enabled)
   Active: inactive (dead)
     Docs: man:firewalld(1)
```

图 5-51　关闭防火墙后的状态

Linux 有一个安全模块 SELinux，用于限制用户和程序的相关权限，确保系统的安全稳定。这里我们需要关闭 SELinux 功能，让集群有足够多的权限运行。

使用 vim 工具修改/etc/sysconfig/selinux 文件，具体命令如下。

```
[root@master ~]# vim /etc/sysconfig/selinux
```

下面修改文件内容。输入“i”进入编辑模式，将文件第 7 行的 SELINUX 属性修改为 disabled，具体如下。修改完成后保存文件并退出，之后重启虚拟机。

```
SELINUX=disabled
```

3. 安装 JDK 环境

Hadoop 是基于 Java 语言开发的，在部署 Hadoop 前，需要先安装 JDK 环境。从 Java 官网下载 JDK 安装包后，创建一个目录/root/module，该目录专门存储软件安装包。创建目录命令如下。

```
[root@master ~]# mkdir /root/module
```

使用 XFTP 上传 JDK 安装包（这里为 JDK 1.8 安装包）到/root/module 目录下。解压 JDK 安装包到 /usr/local 目录下，具体命令如下。

```
[root@master ~]# cd /root/module
[root@master module]# tar -zxvf jdk-8u391-linux-x64.tar.gz -C /usr/local/
```

更改 JDK 目录名，具体操作命令如下。

```
[root@master module]# cd /usr/local/
[root@master local]# mv jdk1.8.0_391 jdk1.8
```

配置环境变量，使用 vim 工具编辑/etc/profile 文件，具体命令如下。

```
[root@master local]# vim /etc/profile
```

输入“i”进入编辑模式，在/etc/profile 文件末端添加以下内容，将 JDK 路径添加到 PATH 环境变量中，之后保存并退出。

```
#JAVA HOME
export JAVA_HOME=/usr/local/jdk1.8
export PATH=$PATH:$JAVA_HOME/bin
```

使用以下命令刷新环境变量。

```
[root@master local]# source /etc/profile
```

环境变量刷新后，使用以下命令验证 JDK 是否生效。

```
[root@master local]# java -verison
```

运行结果如图 5-52 所示，终端能正常输出 Java 版本号信息，这表示 JDK 安装完成。

```
[root@master local]# java -version
java version "1.8.0_391"
Java(TM) SE Runtime Environment (build 1.8.0_391-b13)
Java HotSpot(TM) 64-Bit Server VM (build 25.391-b13, mixed mode)
```

图 5-52　验证 JDK 是否生效结果

4．复制 CentOS 镜像

安装集群化软件的首要条件是具备多台可用的 Linux 服务器。这里使用 VMware 提供的克隆功能，克隆出 3 台虚拟机以供使用。

关闭当前 CentOS 虚拟机。在 VMWare 工具中新建文件夹，命名为“Hadoop 集群”，将 master 节点添加到 Hadoop 集群文件夹中，如图 5-53 所示。

图 5-53　将 master 节点添加到 Hadoop 集群中

克隆 master 节点。使用鼠标右键单击 master 节点，在弹出菜单中选择“管理”→“克隆”，如图 5-54 所示，进入虚拟机克隆管理页面。

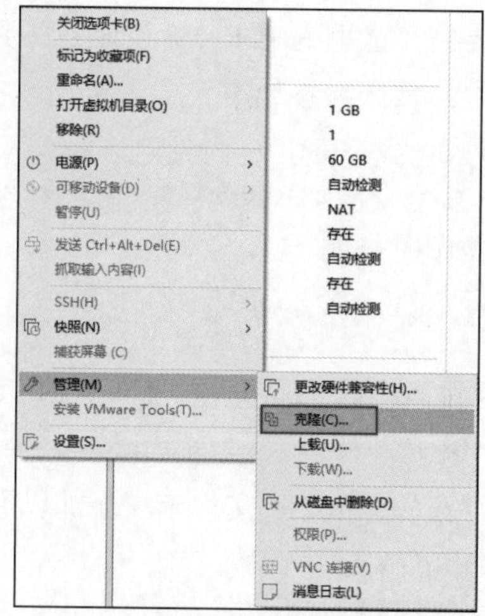

图 5-54　弹出菜单的克隆选项

选择克隆源，克隆虚拟机的当前状态，具体操作如图 5-55 所示。

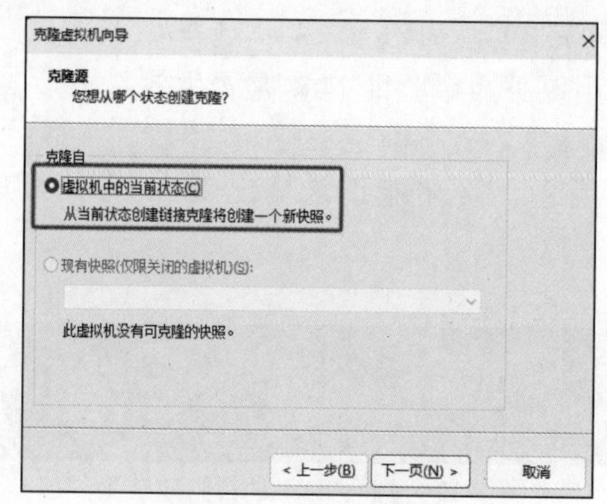

图 5-55　选择克隆源

选择克隆类型，这里选择“创建完整克隆”，如图 5-56 所示。

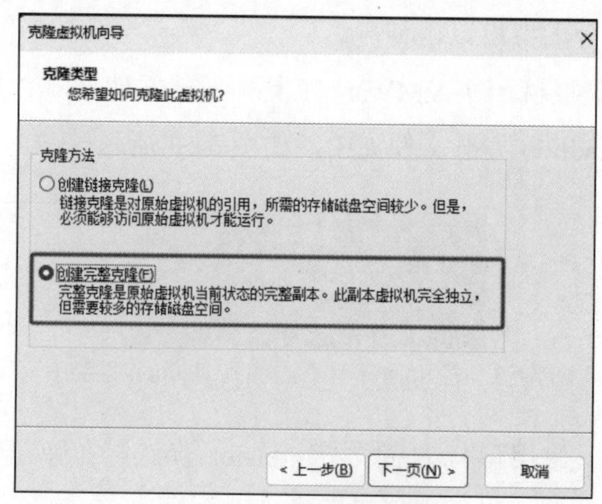

图 5-56　选择克隆类型

在图 5-57 所示页面设置虚拟机名称为 salves1，以及设置虚拟机保存位置，并单击“完成”。

之后，按照以上操作克隆第 2 个节点 slaves2，并将 slaves1 与 slaves2 添加到 Hadoop 集群文件夹中。此时的 Hadoop 集群节点列表如图 5-58 所示。

克隆虚拟机向导

新虚拟机名称

您希望该虚拟机使用什么名称?

虚拟机名称(V)

slaves 1

位置(L)

F:\VOS\slaves1

浏览(R)...

< 上一步(B) 完成 取消

图 5-57 “克隆虚拟机向导”页面

图 5-58 Hadoop 集群节点列表

5. 集群配置

开启节点 slaves1，修改 slaves1 的配置。

将 slaves1 的主机名改为 slaves1，具体命令如下。

```
[root@slaves1 ~]# hostnamectl set-hostname slaves1
```

使用 vim 工具修改 slaves1 的固定 IP 地址，具体命令如下。

```
[root@slaves1 ~]# vim /etc/sysconfig/network-scripts/ifcfg-ens33
```

输入“i”进入编辑模式，将 IPADDR 的值修改为 192.168.80.161，具体如下。之后保存并退出。

```
IPADDR=192.168.80.161
```

开启节点 slaves2，修改 slaves2 的配置。按照以上的步骤，将 slaves2 的主机名设置为 slaves2，IP 地址设置为 192.168.80.162。

配置主机名映射。在 3 个节点中分别使用 vim 工具修改/etc/hosts 文件，具体命令如下。

```
[root@slaves1 ~]# vim /etc/hosts
```

在文件末行添加以下内容。

```
192.168.80.160 master
192.168.80.161 slaves1
192.168.80.162 slaves2
```

6. 配置 SSH 免密登录

在 Hadoop 集群中，各个节点之间需要频繁进行通信和数据传输。如果每次通信都需要输入密码进行验证，那么会极大地降低系统的运行效率。为了使各个节点通信更加高效，我们在 3 个节点中配置免密登录。

分别在 3 个节点中执行以下命令，并一直按回车键进行确认，直至生成密钥。

```
[root@master ~]# ssh-keygen -t rsa
```

复制密钥到各个节点中，在 3 个节点执行以下命令。

```
[root@master ~]# ssh-copy-id master
[root@master ~]# ssh-copy-id slaves1
[root@master ~]# ssh-copy-id slaves2
```

执行完毕后，使用 SSH 测试远程登录，如果 3 个节点能相互登录且无须输入密码，则表示免密配置成功。

```
[root@master ~]# ssh master      # 远程登录 master
[root@master ~]# exit            # 退出登录
[root@master ~]# ssh slaves1     # 远程登录 slaves1
[root@master ~]# exit            # 退出登录
[root@master ~]# ssh slaves2     # 远程登录 slaves2
[root@master ~]# exit            # 退出登录
```

7. 部署 Hadoop 集群

下载 Hadoop 安装包。在浏览器中打开 Hadoop 官网，进入 Hadoop 下载页面下载 Hadoop 安装包，如图 5-59 所示。单击“hadoop-3.1.3.tar.gz”，下载 Hadoop 安装包。

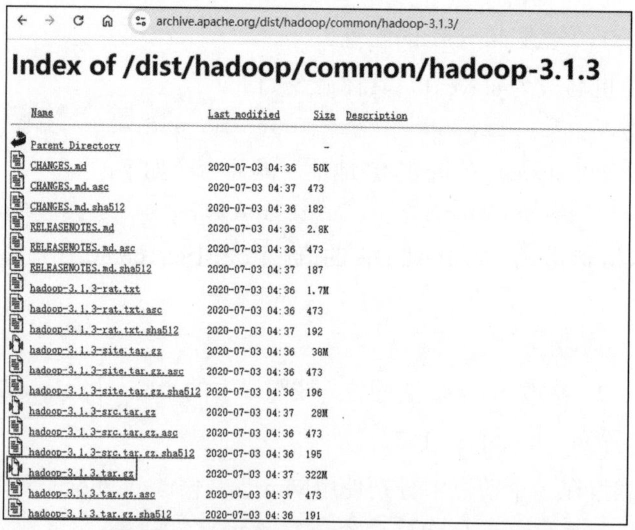

archive.apache.org/dist/hadoop/common/hadoop-3.1.3/

Index of /dist/hadoop/common/hadoop-3.1.3

Name	Last modified	Size	Description
Parent Directory		-	
CHANGES.md	2020-07-03 04:36	50K	
CHANGES.md.asc	2020-07-03 04:37	473	
CHANGES.md.sha512	2020-07-03 04:36	182	
RELEASENOTES.md	2020-07-03 04:36	2.8K	
RELEASENOTES.md.asc	2020-07-03 04:36	473	
RELEASENOTES.md.sha512	2020-07-03 04:37	187	
hadoop-3.1.3-rat.txt	2020-07-03 04:36	1.7M	
hadoop-3.1.3-rat.txt.asc	2020-07-03 04:36	473	
hadoop-3.1.3-rat.txt.sha512	2020-07-03 04:37	192	
hadoop-3.1.3-site.tar.gz	2020-07-03 04:36	38M	
hadoop-3.1.3-site.tar.gz.asc	2020-07-03 04:36	473	
hadoop-3.1.3-site.tar.gz.sha512	2020-07-03 04:36	196	
hadoop-3.1.3-src.tar.gz	2020-07-03 04:37	28M	
hadoop-3.1.3-src.tar.gz.asc	2020-07-03 04:36	473	
hadoop-3.1.3-src.tar.gz.sha512	2020-07-03 04:36	195	
hadoop-3.1.3.tar.gz	2020-07-03 04:37	322M	
hadoop-3.1.3.tar.gz.asc	2020-07-03 04:37	473	
hadoop-3.1.3.tar.gz.sha512	2020-07-03 04:36	191	

图 5-59 官网的 Hadoop 安装包下载页面

下载完毕后，使用 XFTP 工具将安装包上传到 master 节点的/root/module 目录下。解压 Hadoop 安装包，并将解压后的目录名称修改为 hadoop，方便后续配置。具体操作命令如下。

```
[root@master ~]      # cd /root/module
[root@master module]# tar -zxvf hadoop-3.1.3.tar.gz -C /usr/local/
                     # 解压 Hadoop 压缩包
[root@master module]# mv /usr/local/hadoop-3.1.3 /usr/local/Hadoop
                     # 更改 hadoop 目录名称
```

使用 vim 编辑 /etc/profile 文件，进行 Hadoop 环境变量配置，具体命令如下。

```
[root@master module]# vim /etc/profile
```

输入“i”进入编辑模式，在/etc/profile 文件末行添加以下内容。

```
# HADOOP ENV
export HADOOP_HOME=/usr/local/hadoop
export PATH=$PATH:$HADOOP_HOME/bin:$HADOOP_HOME/sbin
export HADOOP_CONF_DIR=$HADOOP_HOME/etc/hadoop
export YARN_CONF_DIR=$HADOOP_HOME/etc/hadoop
```

保存文件并退出，使用以下命令刷新环境变量。

```
[root@master module]# source /etc/profile
```

修改 Hadoop 配置文件。使用以下命令切换到/usr/local/hadoop/etc/hadoop 目录，Hadoop 的配置文件都存储在该目录下。

```
[root@master module]# cd /usr/local/hadoop/etc/hadoop
```

使用 vim 修改 hadoop-env.sh 文件，操作命令如下。

```
[root@master hadoop]# vim hadoop-env.sh
```

输入“i”进入编辑模式，在文件开头添加以下内容。修改完成后，保存文件并退出。

```
export JAVA_HOME=/usr/local/jdk1.8
export HDFS_NAMENODE_USER=root
export HDFS_DATANODE_USER=root
export HDFS_SECONDARYNAMENODE_USER=root
export YARN_RESOURCEMANAGER_USER=root
export YARN_NODEMANAGER_USER=root
export YARN_PROXYSERVER_USER=root
```

使用 vim 修改 core-site.xml，具体命令如下。

```
[root@master hadoop]# vim core-site.xml
```

输入“i”进入编辑模式，在文件中的<configuration>标签之间添加以下配置内容。添加完成后，保存退出文件。

```
<configuration>
      <!--指定文件系统的名称-->
    <property>
        <name>fs.defaultFS</name>
        <value>hdfs://master:9000</value>
    </property>
      <!--配置 Hadoop 运行产生的临时数据存储目录-->
```

```
    <property>
        <name>hadoop.tmp.dir</name>
        <value>/usr/local/hadoop/tmp</value>
    </property>
</configuration>
```

修改 hdfs-site.xml 文件，使用以下命令打开 hdfs-site.xml 文件。

```
[root@master hadoop]# vim hdfs-site.xml
```

输入“i”进入编辑模式，在<configuration>标签之间添加以下配置内容。

```
<configuration>
    <!-- 2nn Web 端访问地址-->
    <property>
        <name>dfs.namenode.secondary.http-address</name>
        <value>slaves1:9890</value>
    </property>
     <!-- namenode 数据存储地址-->
    <property>
      <name>dfs.namenode.name.dir</name>
      <value>file:///usr/local/hadoop/tmp/hdfs/name</value>
    </property>
    <!--  datanode 数据存放地址-->
      <property>
        <name>dfs.datanode.data.dir</name>
         <value>file:///usr/local/hadoop/tmp/hdfs/data</value>
      </property>
    <!-- 设置副本数量 -->
    <property>
        <name>dfs.replication</name>
        <value>3</value>
    </property>
</configuration>
```

修改 mapred-site.xml 文件，使用以下命令打开文件。

```
[root@master hadoop]# vim mapred-site.xml
```

输入“i”进入编辑模式，在<configuration>标签之间添加以下配置内容。

```
<configuration>
    <!-- 指定 MapReduce 程序运行在 YARN 上 -->
    <property>
       <name>mapreduce.framework.name</name>
       <value>yarn</value>
    </property>
    <property>
       <name>mapreduce.jobhistory.address</name>
       <value>master:10020</value>
    </property>
    <property>
       <name>mapreduce.jobhistory.Webapp.address</name>
       <value>master:19888</value>
    </property>
```

```
      <property>
    <name>yarn.app.mapreduce.am.env</name>
    <value>HADOOP_MAPRED_HOME=/usr/local/hadoop</value>
      </property>
      <property>
    <name>mapreduce.map.env</name>
    <value>HADOOP_MAPRED_HOME=$HADOOP_HOME</value>
      </property>
      <property>
    <name>mapreduce.reduce.env</name>
    <value>HADOOP_MAPRED_HOME=$HADOOP_HOME</value>
      </property>
</configuration>
```

修改 yarn-site.xml 文件，使用以下命令打开文件。

```
[root@master hadoop]# vim yarn-site.xml
```

输入“i”进入编辑模式，在<configuration>标签之间添加以下配置。

```
<configuration>
     <!-- 指定 MR 采用 shuffle -->
    <property>
        <name>yarn.nodemanager.aux-services</name>
        <value>mapreduce_shuffle</value>
    </property>
    <!-- 指定 ResourceManager 的地址-->
    <property>
        <name>yarn.resourcemanager.hostname</name>
        <value>master</value>
    </property>
    <!--指定 YARN 调度器-->
    <property>
        <name>yarn.resourcemanager.scheduler.class</name>
        <value>org.apache.hadoop.yarn.server.resourcemanager.scheduler.fair.
        FairScheduler</value>
    </property>
</configuration>
```

修改 workers 文件，使用以下命令打开文件。

```
[root@master hadoop]# vim workers
```

输入“i”进入编辑模式，在 workers 文件中配置每个数据节点的主机名，具体配置内容如下。

```
master
slaves1
slaves2
```

分发文件，将配置好的 Hadoop 文件夹分发到 slaves1 与 slaves2 节点上，具体命令如下。

```
[root@master hadoop]# cd /usr/local
# 复制 hadoop 到 slaves1 与 slaves2
```

```
[root@master local]# scp -r hadoop slaves1:/usr/local/
[root@master local]# scp -r hadoop slaves2:/usr/local/
# 复制/etc/profile 文件到 slaves1 与 slaves2
[root@master local]# scp /etc/profile slaves1:/etc/profile
[root@master local]# scp /etc/profile slaves2:/etc/profile
```

格式化 NameNode。在 master 节点上运行以下命令，完成格式化。

```
[root@master local]# hdfs namenode -format
```

出现“succesfully formatted”单词表示格式化成功，如图 5-60 所示。

```
INFO common.Storage: Storage directory /usr/local/hadoop/tmp/hdfs/name has been successfully formatted.
INFO namenode.FSImageFormatProtobuf: Saving image file /usr/local/hadoop/tmp/hdfs/name/current/fsimage.ckpt_0000000000000000000 using no compression
INFO namenode.FSImageFormatProtobuf: Image file /usr/local/hadoop/tmp/hdfs/name/current/fsimage.ckpt_0000000000000000000 of size 388 bytes saved in 0 seconds .
INFO namenode.NNStorageRetentionManager: Going to retain 1 images with txid >= 0
INFO namenode.FSImage: FSImageSaver clean checkpoint: txid = 0 when meet shutdown.
INFO namenode.NameNode: SHUTDOWN_MSG:
```

图 5-60 NameNode 格式化结果

启动 Hadoop 集群，在 master 节点执行以下命令。

```
[root@master local]# start-dfs.sh
```

分别在 3 个节点中输入 jps 命令，查看后台 Java 进程，得到的结果如图 5-61～图 5-63 所示。可以看出。master 节点上运行着 NameNode、DataNode 进程，slaves1 节点上运行着 SecondaryNameNode、DataNode 进程，slaves2 节点上运行着 DataNode 进程。

```
[root@master ~]# jps
1714 NameNode
1892 DataNode
2236 Jps
```

图 5-61 master 节点进程列表

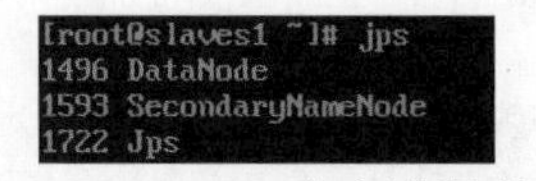

图 5-62 slaves1 节点进程列表

图 5-63 slaves2 节点进程列表

完成以上安装步骤后，在浏览器地址栏中输入 http://192.168.80.160:9870，进入图 5-64 所示 HDFS Web 管理页面，这里可以看到 HDFS 详细信息。

Hadoop Overview Datanodes Datanode Volume Failures Snapshot Startup Progress Utilities

Overview 'master:9000' (active)

Started:	Mon Jul 29 15:23:53 +0800 2024
Version:	3.1.3, rba631c436b806728f8ec2f54ab1e289526c90579
Compiled:	Thu Sep 12 10:47:00 +0800 2019 by ztang from branch-3.1.3
Cluster ID:	CID-09585b50-22f0-4083-b8e7-d4938f3b116d
Block Pool ID:	BP-1490684170-192.168.80.160-1702604143005

Summary

Security is off.

Safemode is off.

167 files and directories, 113 blocks (113 replicated blocks, 0 erasure coded block groups) = 280 total filesystem object(s).

Heap Memory used 100 MB of 249.5 MB Heap Memory. Max Heap Memory is 839.5 MB.

Non Heap Memory used 50.03 MB of 51.13 MB Commited Non Heap Memory. Max Non Heap Memory is <unbounded>.

Configured Capacity:	135.29 GB
Configured Remote Capacity:	0 B
DFS Used:	3.03 GB (2.24%)
Non DFS Used:	14.81 GB
DFS Remaining:	117.45 GB (86.81%)
Block Pool Used:	3.03 GB (2.24%)
DataNodes usages% (Min/Median/Max/stdDev):	2.24% / 2.24% / 2.24% / 0.00%

图 5-64 HDFS Web 管理页面

5.4.5 MooseFS 的安装、配置和使用

MooseFS（MFS）是一个具备冗余容错功能的分布式网络文件系统。MooseFS 将数据分别存储在多台物理服务器上的单独磁盘或分区上，确保一份数据有多个备份副本，对于访问的客户机或者用户来说，整个分布式网络文件系统看起来就像一个整体资源。从文件操作的角度看，MooseFS 的表现与其他类 UNIX 文件系统一致，支持层次结构（目录树）、POSIX 标准的文件属性（权限、最后访问和修改时间）等通用文件系统特性。

MooseFS 包括以下 4 个模块。

管理服务器（master server）：管理整个文件系统的核心组件，负责存储每个文件的元数据，其中包括文件大小、属性、存储位置等信息，同时涵盖目录、套接字、管道和设备等非常规文件的相关信息。

数据服务器（chunk server）：可以有任意数量的数据服务器，用于存储文件的数据，这些数据可以在数据服务器之间同步（某个文件在多个服务器上存在副本）。

元数据备份服务器（metalogger server）：其数量可以是任意的。这类服务器的作用是存储元数据变动记录，并定期下载主元数据文件。在管理服务器死机后，这些服务器可提升管理服务器的有效价值，接替管理服务器的工作。

访问 MooseFS 中文件的客户机（client）：客户机的数量可以是任意的。它使用 mfsmount 进程与管理服务器进行通信（接收和修改文件元数据），并与数据服务器进行实际的文件数据交换。

这里将使用上一实验的 3 个节点（master、slaves1、slaves2）来安装 MooseFS，每个节点部署的进程如表 5-2 所示。

表 5-2　MooseFS 集群规划

节点	角色
master	管理服务器
slaves1	数据服务器、元数据备份服务器
slaves2	客户机

在 3 个节点中下载安装和配置 MooseFS 所需要的环境，具体命令如下。

```
[root@master ~]# yum install -y gcc zlib-devel autoconfig automake libtool
fuse-devel
[root@master ~]# autoreconf -ivf
```

下载并解压安装包。在浏览器中打开 MooseFS 官网，官网提供的 MooseFS 安装包如图 5-65 所示。单击“moosefs-3.0.117-1.tar.gz”，下载 MooseFS 安装包。下载完成后将安装

包上传到 master、slaves1、slaves2 的 /root/module 目录下。

不安全 repository.moosefs.com/src/
moosefs-3.0.101-1.tar.gz 2018-07-23 22:31 1.1M
moosefs-3.0.103-1.tar.gz 2018-11-24 03:41 1.1M
moosefs-3.0.104-1.tar.gz 2019-03-28 15:15 1.1M
moosefs-3.0.105-1.tar.gz 2019-05-27 12:31 1.1M
moosefs-3.0.107-1.tar.gz 2019-11-08 12:05 1.1M
moosefs-3.0.108-1.tar.gz 2019-11-20 19:21 1.1M
moosefs-3.0.109-1.tar.gz 2019-11-29 10:50 1.1M
moosefs-3.0.110-1.tar.gz 2020-02-13 18:02 1.1M
moosefs-3.0.111-1.tar.gz 2020-02-19 19:06 1.1M
moosefs-3.0.111-2.tar.gz 2020-02-19 19:06 1.1M
moosefs-3.0.112-1.tar.gz 2020-03-24 20:43 1.2M
moosefs-3.0.113-1.tar.gz 2020-05-12 13:47 1.2M
moosefs-3.0.114-1.tar.gz 2020-07-29 23:26 1.2M
moosefs-3.0.115-1.tar.gz 2020-10-10 01:59 1.2M
moosefs-3.0.116-1.tar.gz 2021-08-12 04:07 1.2M
moosefs-3.0.117-1.tar.gz 2023-02-03 19:29 1.2M
moosefs-3.0.118-1.tar.gz 2024-08-12 23:29 1.2M
moosefs-4.56.6-1.tar.gz 2024-10-04 17:01 1.5M

图 5-65　MooseFS 官网下载页面

分别在 3 个节点中解压安装包，具体命令如下。

```
[root@master ~]# cd /root/module
[root@master module]# tar -zxvfmoosefs-3.0.117-1.tar.gz
```

安装 master server。下面在 master 节点中安装 master server，在 master 中进行以下操作。

```
[root@master module]# cd /root/module/moosefs-3.0.117
[root@master moosefs-3.0.117]# ./configure --prefix=/usr/local/mfs
--with- default-user=root --with-default-group=root
--disable-mfschunkserver --disable- mfsmount && make && make install
```

修改配置文件。复制/usr/local/mfs/etc/mfs 目录下的两个文件 mfsmaster.cfg.sample 和 mfsexports.cfg.sample，并删除文件名的后缀名.sample。mfsmaster.cfg 是 master server 的主配置文件，该文件包含 master server 运行所需的各项配置，如数据存储路径设置、监听端口和地址配置等。这里的 mfsmaster.cfg 文件使用默认配置，不做修改。mfsexports.cfg 文件负责指定哪些 client 可以挂载 MooseFS 系统，并授予这些 client 访问权限。这里配置 192.168.80.0 网段的机器可挂载 MooseFS。复制这两个文件的命令如下。

```
[root@master moosefs-3.0.117]# cd /usr/local/mfs/etc/mfs
[root@master mfs]# cp mfsmaster.cfg.sample mfsmaster.cfg
[root@master mfs]# cp mfsexports.cfg.sample mfsexports.cfg
```

在 mfsexports.cfg 文件添加图 5-66 所示内容。

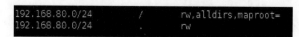

图 5-66　mfsexports.cfg 文件配置

使用以下命令启动 master server。

```
[root@master mfs]# /usr/local/mfs/sbin/mfsmaster start
```

如果是第一次启动 master server，则使用以下命令启动。

```
[root@master mfs]# /usr/local/mfs/sbin/mfsmaster -a
```

使用以下命令启动 cgi 服务，这时可以通过浏览器查看 MooseFS 的使用状况。在浏览器中输入地址 http://192.168.80.160:9425（内部地址），打开 MooseFS Web 管理页面，查看 MooseFS 状态，如图 5-67 所示。

```
[root@master mfs]# /usr/local/mfs/sbin/mfscgiserv
```

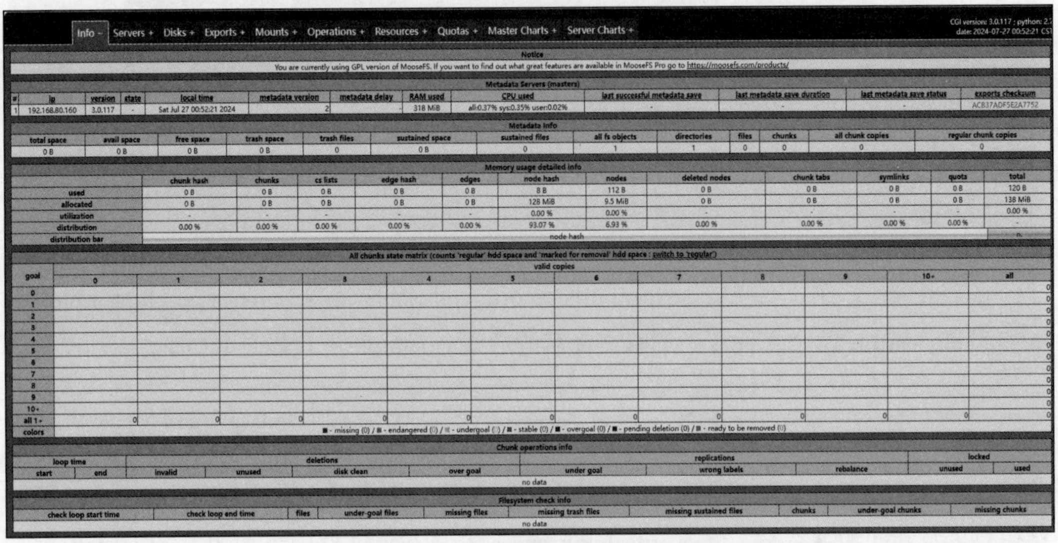

Info - Servers + Disks + Exports + Mounts + Operations + Resources + Quotas + Master Charts + Server Charts +

CGI version: 3.0.117 ; python: 2.7
date: 2024-07-27 00:52:21 CST

Notice

You are currently using GPL version of MooseFS. If you want to find out what great features are available in MooseFS Pro go to https://moosefs.com/products/

Metadata Servers (masters)

#	ip	version	state	local time	metadata version	metadata delay	RAM used	CPU used	last successful metadata save	last metadata save duration	last metadata save status	exports checksum
1	192.168.80.160	3.0.117	-	Sat Jul 27 00:52:21 2024	2	-	318 MiB	all:0.37% sys:0.35% user:0.02%	-	-	-	ACB37ADF5E2A7752

Metadata Info

total space	avail space	free space	trash space	trash files	sustained space	sustained files	all fs objects	directories	files	chunks	all chunk copies	regular chunk copies
0 B	0 B	0 B	0 B	0	0 B	0	1	1	0	0	0	0

Memory usage detailed info

	chunk hash	chunks	cs lists	edge hash	edges	node hash	nodes	deleted nodes	chunk tabs	symlinks	quota	total
used	0 B	0 B	0 B	0 B	0 B	8 B	112 B	0 B	0 B	0 B	0 B	120 B
allocated	0 B	0 B	0 B	0 B	0 B	128 MiB	9.5 MiB	0 B	0 B	0 B	0 B	138 MiB
utilization	-	-	-	-	-	0.00 %	0.00 %	-	-	-	-	0.00 %
distribution	0.00 %	0.00 %	0.00 %	0.00 %	0.00 %	93.07 %	6.93 %	0.00 %	0.00 %	0.00 %	0.00 %	-
distribution bar	node hash											

All chunks state matrix (counts 'regular' hdd space and 'marked for removal' hdd space : switch to 'regular')

goal	valid copies 0	1	2	3	4	5	6	7	8	9	10+	all
0												0
1												0
2												0
3												0
4												0
5												0
6												0
7												0
8												0
9												0
10+												0
all 1-	0	0	0	0	0	0	0	0	0	0	0	0
colors	■ - missing (0) / ■ - endangered (0) / ■ - undergoal (0) / ■ - stable (0) / ■ - overgoal (0) / ■ - pending deletion (0) / ■ - ready to be removed (0)											

Chunk operations info

loop time		deletions				replications			locked	
start	end	invalid	unused	disk clean	over goal	under goal	wrong labels	rebalance	unused	used
no data										

Filesystem check info

check loop start time	check loop end time	files	under-goal files	missing files	missing trash files	missing sustained files	chunks	under-goal chunks	missing chunks
no data									

图 5-67　MooseFS Web 管理页面

安装 metalogger server。接下来在 slaves1 节点中安装 metalogger server，在 slaves1 节点中进行以下操作。

```
[root@slaves1 ~]# cd /root/module/moosefs-3.0.117
[root@slaves1 moosefs-3.0.117]# ./configure --prefix=/usr/local/mfs
--with- default-user=root --with-default-group=root
--disable-mfschunkserver --disable- mfsmount&& make && make install
```

修改配置文件。复制/usr/local/mfs/var/mfs 目录下的 metadata.mfs.empty 文件，并删除文件名的后缀名.empty，具体命令如下。

```
[root@slaves1 moosefs-3.0.117]# cd /usr/local/mfs/var/mfs
[root@slaves1 mfs]# cp metadata.mfs.empty metadata.mfs
```

复制/usr/local/mfs/etc/mfs/目录下的 mfsmetalogger.cfg.sample 文件，并删除文件名的后缀名.sample，具体操作命令如下。

```
[root@slaves1 mfs]# cd /usr/local/mfs/etc/mfs/
[root@slaves1 mfs]# cp mfsmetalogger.cfg.sample mfsmetalogger.cfg
```

修改 mfsmetalogger.cfg，添加图 5-68 所示内容，连接 master 节点。

```
MASTER_HOST =
MASTER_PORT =
```

图 5-68　配置 mfsmetalogger.cfg

使用以下命令启动 metalogger server。

```
[root@slaves1 mfs]# /usr/local/mfs/sbin/mfsmetalogger start
```

查看 metalogger server 与 master 节点的连接情况，如图 5-69 所示。

```
[root@slaves1 ~]# netstat -an | grep 9419
tcp        0      0 192.168.80.161:56192     192.168.80.160:9419      ESTABLISHED
[root@slaves1 ~]#
```

图 5-69　metalogger server 与 master 节点的连接情况

安装 chunk server。在 slaves1 节点上安装 chunk server，执行以下操作。

```
[root@slaves1 mfs]# cd /root/module/moosefs-3.0.117
[root@slaves1 moosefs-3.0.117]# ./configure --prefix=/usr/local/mfs
--with- default-user=root --with-default-group=root --disable-mfsmaster
--disable- mfsmount --disable-mfscgi --disable-mfscgiserv&& make && make install
```

修改配置文件。复制/usr/local/mfs/etc/mfs 目录下 mfschunkserver.cfg.sample 和 mfshdd.cfg.sample 两个文件，并删除文件名的后缀名.sample，具体命令如下。

```
[root@slaves1 moosefs-3.0.117]# cd /usr/local/mfs/etc/mfs
[root@slaves1 mfs]# cp mfschunkserver.cfg.sample mfschunkserver.cfg
[root@slaves1 mfs]# cp mfshdd.cfg.sample mfshdd.cfg
```

mfschunkserver.cfg 是 chunk server 的主配置文件，主要用于设置与 master server 的连接信息以及其他相关参数。修改 mfschunkserver.cfg，在该文件中添加图 5-70 所示内容，实现与 master 节点相连。

图 5-70　配置 mfschunkserver.cfg

mfshdd.cfg 配置文件主要用于指定 chunk server 数据存储的目录。修改 mfshdd.cfg，在该文件中添加图 5-71 所示内容，实现指定存储数据的目录为/data/mfs。

```
/data/mfs
~
```

图 5-71　配置 mfshdd.cfg

创建/data/mfs 目录，命令如下。

```
[root@slaves1 mfs]# mkdir -p /data/mfs
```

使用以下命令启动 chunk server。

```
[root@slaves1 mfs]# /usr/local/mfs/sbin/mfschunkserver start
```

查看 chunk server 与 master 节点的连接，如图 5-72 所示。

```
[root@slaves1 ~]# netstat -an | grep 9420
tcp        0      0 192.168.80.161:51670     192.168.80.160:9420      ESTABLISHED
[root@slaves1 ~]#
```

图 5-72　chunk server 与 master 的连接情况

安装 client。在 slaves2 节点上安装 client，执行以下操作。

```
[root@slaves2 ~]# cd /root/module/moosefs-3.0.117
[root@slaves2 moosefs-3.0.117]# ./configure --prefix=/usr/local/mfs
--with- default-user=root --with-default-group=root --disable-mfsmaster
--disable- mfschunkserver --disable-mfscgi --disable-mfscgiserv&& make && make install
```

在/mnt 目录下创建 mfs 文件夹，并将/mnt/mfs 目录挂载到 MFS 系统上，使用 mfsmount 创建连接，具体操作如下。

```
[root@slaves2 moosefs-3.0.117]# mkdir /mnt/mfs
[root@slaves2 moosefs-3.0.117]# /usr/local/mfs/bin/mfsmount /mnt/mfs/
-H master
```

检查挂载情况，从图 5-73 中可以看出，/mnt/mfs 目录已经成功挂载到 MFS 系统上了。

```
[root@slaves2 mfs]# df -kh
Filesystem                     Size  Used Avail Use% Mounted on
devtmpfs                       1.9G     0  1.9G   0% /dev
tmpfs                          1.9G     0  1.9G   0% /dev/shm
tmpfs                          1.9G   12M  1.9G   1% /run
tmpfs                          1.9G     0  1.9G   0% /sys/fs/cgroup
/dev/mapper/centos_master-root  46G  4.1G   42G  10% /
/dev/sda1                     1014M  150M  865M  15% /boot
tmpfs                          378M     0  378M   0% /run/user/0
master:9421                     46G  4.6G   41G  11% /mnt/mfs
```

图 5-73　检查磁盘挂载情况

课后练习

1．选择题

（1）NAS 在网络中的位置更像是（　　）。

A．独立于服务器和客户机的存储设备，通过网络共享

B．服务器的一个内部组件

C．客户机的扩展存储

D．网络的安全防护设备

（2）SAN 是一种什么类型的网络？（　　）

A．局域网　　　　B．广域网

C. 高速专用子网，用于连接存储设备和服务器

D. 无线网络

（3）以下哪种存储方式是直接连接到服务器的存储设备？（　　）

A. NAS　　B. DAS

C. SAN　　D. 云计算存储

（4）在一个 SAN 环境中，哪个组件负责管理和控制存储设备的访问？（　　）

A. 服务器　　B. 存储阵列

C. 存储区域网络控制器　　D. 网络交换机

（5）NAS 设备主要通过网络提供哪种类型的服务？（　　）

A. 块级存储　　B. 文件级存储

C. 对象存储　　D. 内存存储

（6）分布式存储系统的主要目的是（　　）。

A. 增加存储成本

B. 在单一存储设备上集中管理数据

C. 将数据分散存储在多个节点上以提高可靠性和性能

D. 仅用于备份数据

（7）以下哪个不是分布式存储系统的常见特性？（　　）

A. 高扩展性　　B. 单一故障点

C. 数据冗余　　D. 负载均衡

（8）当一个存储节点发生故障时，分布式存储系统通常通过以下哪种方式保证数据可用性？（　　）

A. 立即删除故障节点的数据

B. 依靠数据冗余，从其他节点恢复数据

C. 暂停整个系统，等待节点修复

D. 将数据转移到单一备份中心

（9）在 Linux 中，哪个命令通常用于挂载 NFS 文件系统？（　　）

A. mount -t nfs　　B. nfs-mount

C. nfs-client　　D. nfs-server

（10）iSCSI 协议是否支持热插拔功能？（　　）

A. 支持　　B. 不支持

C. 根据具体实现而定　　D. 仅在某些特定场景下支持

2．问答题

（1）详细讲述 HDFS 常见的配置文件。

（2）详细描述 MooseFS 的架构。

（3）什么是网络存储技术？它主要包括哪几种类型？

（4）什么是分布式存储系统？它的主要优势是什么？

（5）简述 NAS 和 SAN 的主要区别。

项目六 KVM 镜像管理与桌面虚拟化

KVM 镜像管理与桌面虚拟化技术的结合为企业提供了高效、安全、灵活和经济的桌面方案。企业可以从现有的镜像快速创建新的虚拟机，或从网络下载预配置的镜像，大大缩短了虚拟机的部署时间。同时，企业可以集中管理虚拟桌面，从而极大地提高了运维效率。

6.1 学习目标

1. 掌握使用 KVM 制作 RHEL 7 镜像的方法。
2. 掌握使用 KVM 制作 Windows 7 镜像的方法。
3. 掌握桌面虚拟化的配置方法。

6.2 项目描述

一家拥有大量服务器的企业在上线新服务器时，如果没有镜像，就需要为每台服务器单独安装操作系统、配置网络、安装软件，这将是一个非常耗时且容易出错的过程。而使用镜像模板可以同时大规模部署相同配置的服务器，不需要每次进行完整的系统安装和配置，从而大大缩短部署时间。

桌面虚拟化是一种将桌面操作系统与物理硬件分离的技术，利用虚拟化技术将桌面环境封装成独立的虚拟桌面，并集中管理这些虚拟桌面。桌面虚拟化技术凭借集中管理、数据安全、灵活性、资源优化等优势，为用户提供更高效和灵活的桌面体验。

本项目主要介绍镜像的制作以及如何在 KVM 中使用桌面虚拟化技术。

6.3 项目相关知识

6.3.1 KVM 常见的镜像格式

在 KVM 虚拟化环境中，存储镜像格式的选择对于性能、灵活性和资源利用率来说至关重要。其中，qcow2 和 RAW 是两种常见的磁盘镜像格式。

1. qcow2 格式

qcow2 全称是 QEMU copy-on-write version 2，是 QEMU 0.8.3 版本引入的镜像文件格式，也是目前使用最广泛的格式。

qcow2 格式不会在创建时就预先分配指定大小的完整存储空间，而是随着数据的写入逐步分配，这使得在初始阶段，当虚拟机中的实际数据量较小时，占用的磁盘空间也较少。在创建一个新的虚拟机时，如果选择 qcow2 格式的镜像，那么只需要为该虚拟机分配一个较小的初始空间。随着虚拟机中数据量的不断增加，镜像的大小也会逐渐增加，但不会超过设定的最大值。

当对 qcow2 格式的镜像进行修改时，系统只会复制被修改的数据，未修改的数据仍然共享原始数据块，这提高了存储效率，特别是在多个虚拟机使用相同的基础镜像时，可以大大节省存储空间。在云计算环境中，多个用户可能需要相同的操作系统和基本软件配置，这时可以使用 qcow2 格式的镜像共享相同的基础数据块。只有当用户对自己的虚拟机进行个性化修改时，才会占用额外的存储空间。

qcow2 格式支持快照、压缩、加密等高级功能，可以对镜像进行压缩，以减少存储空间占用，还可以进行加密来增强数据安全性，这对于那些对存储空间和数据安全有较高要求的场景非常有用。同时，qcow2 格式能够方便地创建和管理快照，允许回滚到特定的时间点。这对于测试、开发和故障恢复非常有帮助。

qcow2 格式主要有以下 4 个优点。

节省存储空间：在初始阶段，当虚拟机中的实际数据量较小时，qcow2 格式能够有效地节省存储空间。对于那些需要大量虚拟机的环境，如云计算数据中心、虚拟化测试实验室等，这具有重要的意义。

灵活扩展：在虚拟机的使用过程中，可以根据实际需求动态调整存储容量，无须执行复杂烦琐的操作，提高了资源的灵活性。

便于迁移和备份：由于其动态分配空间和实际空间占用较小，在迁移和备份时更加高效。可以使用各种备份工具对 qcow2 镜像进行备份，并且在迁移虚拟机时，也可以快速复制和传输镜像文件。

资源高效利用：写时复制机制减少了不必要的数据复制，提高了存储资源的利用率。同时，压缩和加密功能也进一步优化了资源的使用。

2. RAW 格式

RAW 格式是一种较为原始和简单的磁盘镜像格式。

RAW 格式直接将数据以二进制形式写入磁盘，没有额外的元数据或压缩处理，同时提供对底层存储的直接访问，没有任何额外的抽象或转换层，因此它在进行数据读/写操作时能够最大程度地减少额外的开销，从而实现较高的性能。

在进行大量连续的数据读/写操作时，如数据库服务器的大规模数据加载或视频编辑软件的高带宽处理时，RAW 格式能够快速响应，确保数据的及时传输。

在创建 RAW 格式的镜像时，系统会预先分配指定大小的存储空间，这意味着一旦创建一个特定大小的 RAW 镜像，相应的磁盘空间就会被立即占用，不管其中实际存储了多少数据。这种特性保证了数据存储的连续性和稳定性，避免了动态分配空间可能带来的碎片化问题。然而，这也可能导致存储空间的浪费，特别是当实际使用的空间远小于预先分配的空间时。

RAW 格式的结构相对简单，易于理解和处理。它没有复杂的内部机制或特殊的功能模块，因此更适合执行一些底层操作或与特定存储系统集成。在进行磁盘克隆或对镜像进行低级别的数据恢复操作时，RAW 格式的简单性使得这些任务相对容易实现。

RAW 格式主要有以下 3 个优点。

高性能：因其结构简单且能够直接访问底层存储，RAW 格式在性能方面具有一定的优势。对于磁盘性能要求极高的应用场景，如高性能计算、大型数据库服务器等，RAW 格式能够提供快速的数据传输和低时延的响应，尤其适合处理大量连续的数据读/写操作，能够充分发挥物理存储设备的性能。

良好的兼容性：RAW 格式受到大多数虚拟化工具和操作系统的支持，具有较高的通用性。当在不同的虚拟化环境或操作系统之间迁移虚拟机时，RAW 格式的镜像相对容易处理。无论是 Linux、Windows 还是其他操作系统的虚拟化平台，RAW 格式通常能被顺利识别和使用。

易于备份和恢复：RAW 格式结构简单，可以使用传统的备份工具对 RAW 格式的镜像进行完整复制，在恢复时也只需将备份的镜像文件复制回原位置。这种操作方式比较直接，降低了操作过程的复杂性。

在虚拟化环境的应用场景中，RAW 格式和 qcow2 格式各有优劣。在选择存储镜像格式时，读者需要根据具体的应用场景和需求来进行权衡。如果对性能要求极高，并且存储空间不是主要的限制因素，那么 RAW 格式是一个不错的选择。如果需要更灵活地管理存储空间，或者经常需要调整镜像大小，同时对数据安全和备份恢复有较高要求，那么 qcow2 格式更为合适。

6.3.2 KVM 桌面虚拟化技术

桌面虚拟化是指对计算机的桌面进行虚拟化，以实现桌面使用的安全性和灵活性，可以通过任何设备，在任何地点、任何时间访问存储在网络上的属于个人的桌面系统。作为虚拟化的一种方式，桌面虚拟化将所有的计算都放在服务器上，因而对终端设备的要求大大降低。云桌面的核心技术是桌面虚拟化。桌面虚拟化不是给每个用户都配置一台运行 Windows 的桌面 PC，而是在数据中心部署桌面虚拟化服务器来运行个人操作系统，通过特定的传输协议将用户在终端设备上的键盘和鼠标的动作传输给服务器，并在服务器接收指令后将运行的屏幕变化传输到终端设备上。

在 KVM 环境中，实现桌面虚拟化的常见技术有 VNC 和独立计算环境简单协议（simple protocol for independent computing environment，SPICE）。

1．VNC

VNC 是一种基于图形用户界面的远程桌面共享系统，它采用客户机–服务器架构，通过远程帧缓冲（remote frame buffer，RFB）通信协议实现远程桌面的共享和控制。

VNC 主要由两部分组成：VNC 服务器和 VNC 客户机。

VNC 服务器运行在被控制的计算机（可以是物理机或虚拟机）上，负责捕获本地的屏幕显示内容，并将其转换为特定协议格式的数据发送出去。

VNC 客户机安装在远程设备上，用于接收 VNC 服务器发送的屏幕图像数据，并将用户的输入（如鼠标单击、键盘输入等）发送给 VNC 服务器。

VNC 服务器会周期性地捕获当前屏幕的图像，并将其编码成一系列数据包，通过网络传输给 VNC 客户机。VNC 客户机接收到图像数据后进行解码显示。当 VNC 客户机有输入操作时，输入事件会被 VNC 客户机捕获并编码成数据包发送给 VNC 服务器，服务器根据这些消息模拟本地的输入操作。VNC 工作原理如图 6-1 所示。

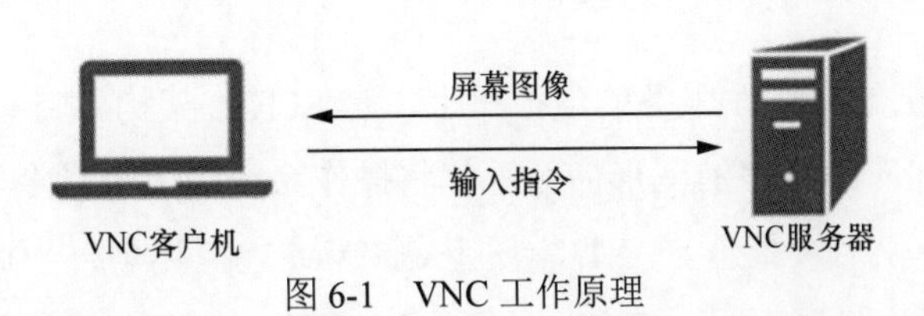

图 6-1 VNC 工作原理

VNC 技术主要有以下 2 个优点。

跨平台性：VNC 可以在多种操作系统上运行，包括 Windows、Linux、macOS 等主流操作系统以及一些嵌入式系统。不同平台的设备之间可以方便地进行远程控制和访问，这对于需要在异构环境中进行远程操作的用户来说非常实用。它打破了操作系统的限制，提高了工作效率和设备的互操作性。

简单易用：VNC 的操作相对简单，用户界面较为直观。安装和配置过程对于有一定计算机基础的用户来说并不复杂，非专业技术人员也能较快上手。只需要在被控制的计算机上安装 VNC 服务器端，在控制端设备上安装 VNC 客户机，进行简单的设置后即可建立远程连接。

2. SPICE

SPICE 架构包括 SPICE 客户端、SPICE 服务端、QXL（半虚拟化显卡）以及 SPICE 代理，其架构如图 6-2 所示。

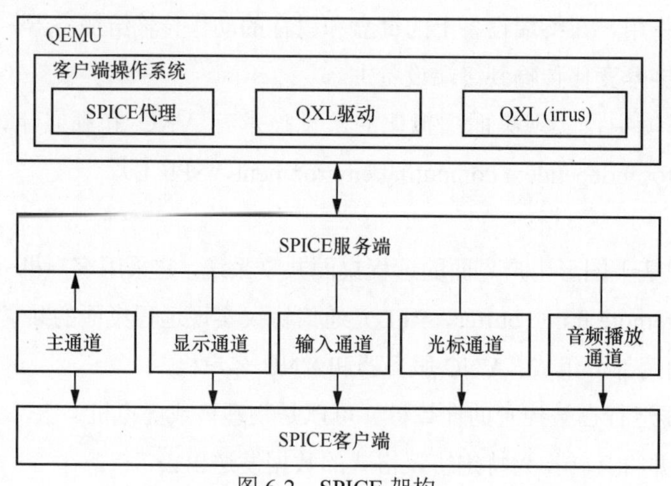

图 6-2　SPICE 架构

SPICE 客户端运行在终端用户设备上，是用户与远程桌面进行交互的接口，为用户提供桌面环境，主要负责接收用户的输入指令（如键盘、鼠标操作）和显示来自 SPICE 服务端的桌面更新信息。

SPICE 服务端运行在虚拟化服务器上，负责处理 SPICE 客户端发送的指令。它根据指令更新虚拟机的状态，并将状态变化（如屏幕更新、音频流等）发送给 SPICE 客户端。

QXL 部署在提供虚拟桌面服务的虚拟机上，是 SPICE 架构中特有的图形处理设备，负责接收操作系统和应用程序的图形命令。它将操作系统的图形指令转换为 QXL 命令，并推送到命令环中，供后续处理。QXL 本质上是 KVM 虚拟化平台中通过软件实现的 PCI 显示设备，为虚拟机提供图形显示功能，并且利用循环队列等数据结构供虚拟化平台上的多个虚拟机共享，实现了设备的虚拟化。

SPICE 代理是运行于客户端（虚拟机）操作系统中的应用程序。SPICE 代理既是客户端、服务端的指令执行器，也是虚拟机的事件监听器。它可以实现一些增强用户体验的功能，比如在网络状况不佳时保证鼠标控制效果的客户端鼠标模式，根据客户端窗口大小调整虚拟机的分辨率自适应功能以及共享剪切板功能等。

在通信过程中，SPICE 会创建多个通信通道，每个通道负责传输特定类型的数据。这些通道包括以下几种。

主通道（main channel）：主连接通道，用于迁移控制、鼠标模式控制、虚拟机配置、SPICE 代理通信等。

显示通道（display channel）：负责传输远程桌面的图像更新信息，实现虚拟桌面的远程显示。

输入通道（input channel）：传输用户的输入指令，如键盘和鼠标操作，实现远程桌面的交互。

光标通道（cursor channel）：传输光标的位置和形状信息，确保远程桌面上的光标显示正确。

音频播放通道（playback channel）：传输音频流，实现远程桌面的音频播放功能。

虚拟机中的图形操作等信息通过 QXL 驱动转换为 QXL 命令，并经过处理后在相应的通道中传输。SPICE 客户端接收这些数据后，进行相应的解压缩、解码等操作，将图形显示在本地屏幕上，将音频播放出来。反之，SPICE 客户端的输入信息通过输入通道传输到 SPICE 服务端，SPICE 服务端再将这些信息传递给虚拟机的操作系统和应用程序，实现交互操作。

在传输数据之前，SPICE 会评估网络状况，如网络带宽、时延、丢包率等因素，并根据这些因素采取相应的策略来确保数据传输的流畅性和高效性。如果网络带宽较低，SPICE 会进一步降低图像的分辨率或者采用更高效的压缩算法，以减少需要传输的数据量。如果网络时延较高，它可能会调整数据传输的缓冲区大小或者采用一些预取策略，以减少用户操作的响应时延。

SPICE 技术主要有以下 5 个优点。

跨平台性：SPICE 支持 Windows、Linux、macOS 等多种操作系统平台，无论用户使用的是哪种操作系统的客户端设备，都可以方便地连接到 SPICE 虚拟桌面环境，大大降低对客户端设备所使用的操作系统的限制，提高了部署的灵活性。

出色的多媒体支持：SPICE 支持视频、音频和图像等多种媒体类型。它能够流畅地播放视频，无论是本地视频文件还是网络视频流，都可以在虚拟桌面中得到良好的支持。对于需要在虚拟桌面环境中开展视频培训、视频会议等活动的用户来说，这一点非常重要，可以提供与本地桌面相似的视频体验。SPICE 还支持音频的传输和播放，用户可以在虚拟桌面中正常使用音频应用程序，如播放音乐、语音通话等。并且，它可以对传输的音频进行压缩，减少了对网络带宽的占用，同时保证了音频的质量。

高效的带宽利用：SPICE内置了图像压缩算法，能够对虚拟桌面的图像数据进行高效压缩，减少了网络传输过程中的数据量。这对于网络带宽有限的环境尤为重要，可以在不影响用户体验的情况下，降低对网络带宽的需求，提高远程桌面的响应速度。SPICE可以根据网络状况动态地调整数据传输的带宽占用，当网络带宽充足时，提供高质量的图像和视频传输；当网络带宽受限时，自动降低图像质量或减少数据传输量，以保证远程桌面的基本可用性。

良好的外设支持：用户可以将USB设备（如U盘、移动硬盘、打印机、扫描仪等）连接到客户端设备上，然后在虚拟桌面中正常使用这些USB设备。这对于需要在虚拟桌面中使用本地USB设备的用户来说非常方便，不需要额外的配置和驱动安装。

多屏显示支持：SPICE目前最多支持4个屏幕的多屏显示功能，用户可以在多个屏幕上同时显示虚拟桌面的内容，提高了工作效率。

SPICE提供了高效的图形显示和多媒体支持，具有低时延和高帧率的特性，可以流畅地观看高清视频，开展图形设计工作等。

6.4 项目实践

6.4.1 制作并测试RHEL 7镜像

准备RHEL 7镜像。下载RHEL 7 ISO文件，并使用XFTP工具将ISO文件存储到/var/lib/Libvirt/images目录下。

制作RHEL 7镜像。使用qemu-img命令，创建一个格式为qcow2、容量大小为10 GB的空镜像，具体命令如下。

```
[root@localhost images]# qemu-img create -f qcow2 rhel7.qcow2 10G
```

使用virt-install命令创建RHEL 7虚拟机，将虚拟机命名为rhel7，内存大小设置为2 GB，具体命令如下。

```
[root@localhost images]# virt-install --virt-type kvm \
--name rhel7 --ram 2048 \
--disk rhel7.qcow2,format=qcow2 \
--network network=default \
--graphics vnc,listen=0.0.0.0 \
--noautoconsole \
--location=/var/lib/Libvirt/images/rhel-server-7.9-x86_64-dvd.iso
```

使用 virt-manager 命令打开虚拟机管理器页面，如图 6-3 所示。

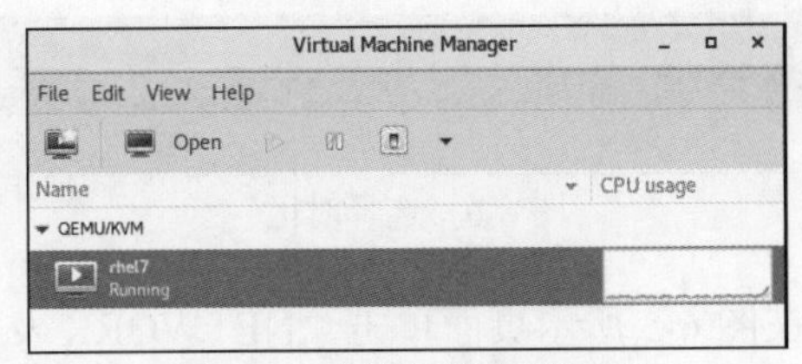

图 6-3　虚拟机管理器页面

双击“rhel7”虚拟机，打开系统安装页面，选择系统语言为“English(United States)”，如图 6-4 所示。之后单击“Continue”进入下一步。

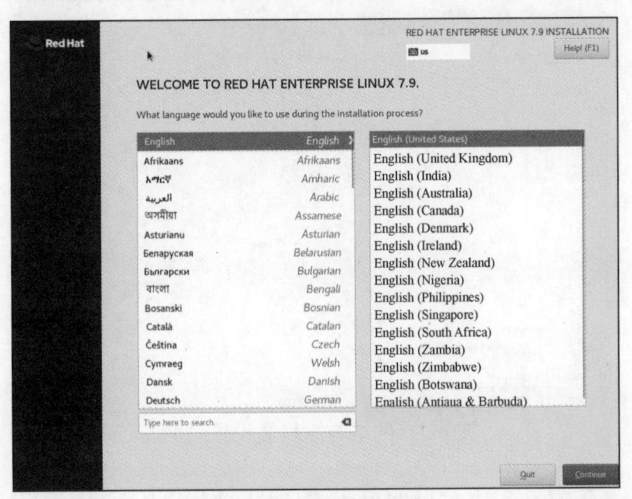

图 6-4　选择系统语言

在图 6-5 所示主设置页面中，单击“DATE & TIME”，设置地区和时间。

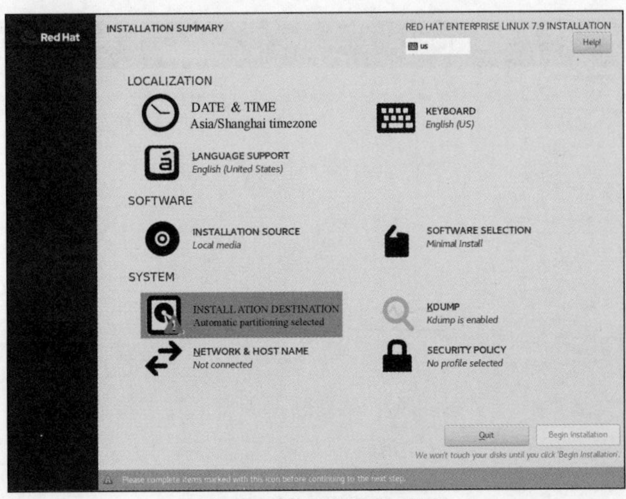

图 6-5　设置地区和时间

选择时区，将城市设置为“Shanghai”，如图 6-6 所示。之后单击“Done”按钮。

图 6-6　选择时区

配置网络与主机名，在图 6-5 所示页面单击“NETWORK & HOST NAME”，进入设置页面。在该页面中设置网络信息与主机名信息，并开启网络开关，如图 6-7 所示。完成设置后单击“Done”返回主设置页面，即图 6-5 所示页面。

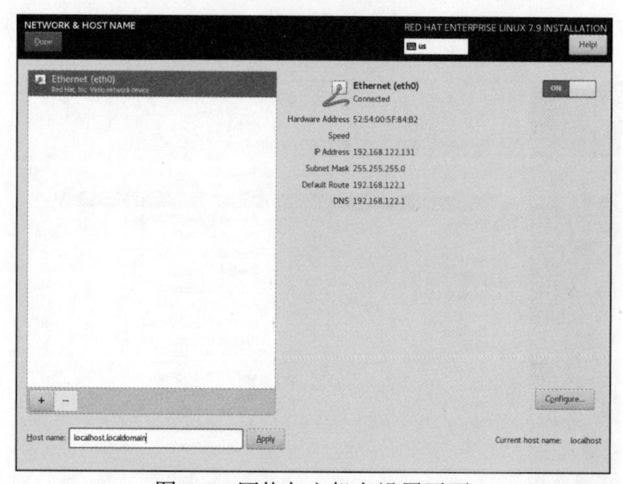

图 6-7　网络与主机名设置页面

设置系统分区。在图 6-5 所示页面单击“INSTALLATION DESTINATION”，进入安装设置界面。选择“I will configure partitioning”选项，如图 6-8 所示。之后，单击“Done”进入手动分区页面。

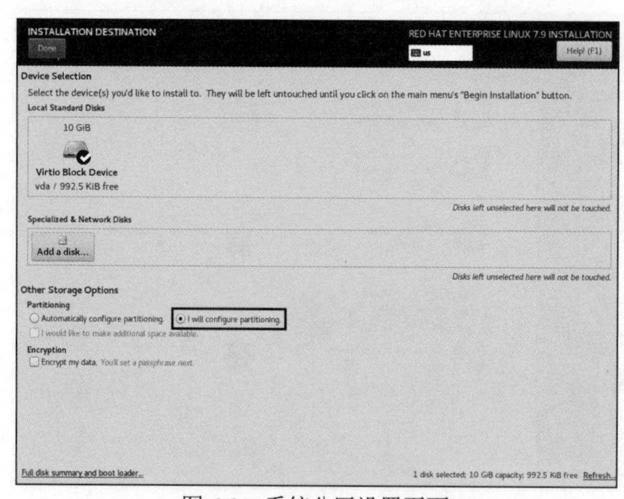

图 6-8　系统分区设置页面

在手动分区页面中，单击“+”添加分区。这里将硬盘分为3个分区，分别是“/”“/boot”和“swap”。其中“/boot”分区大小设置为500 MB（MiB），“swap”分区大小设置为1024 MB（MiB），其余的容量分配至“/”目录下，如图6-9所示。

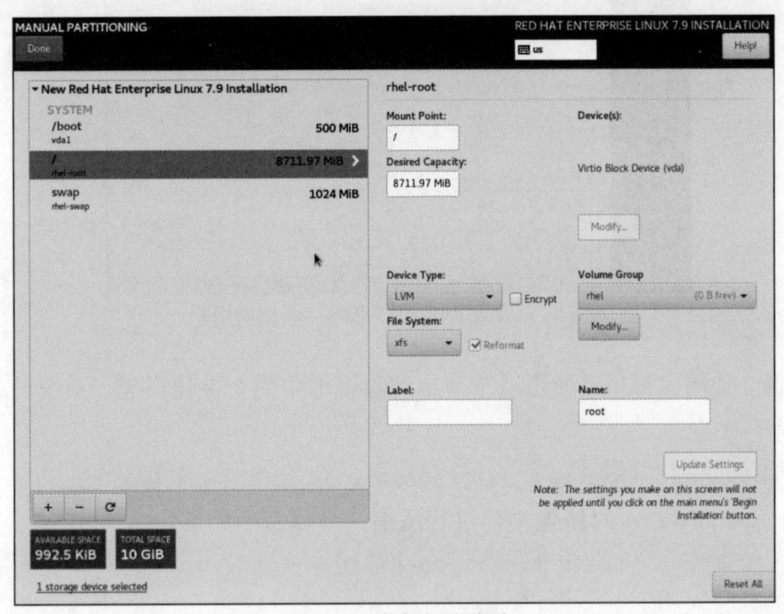

图6-9　手动分区页面

设置完成后，单击“Done”弹出变更汇总页面，如图6-10所示。单击“Accept Changes”返回手动分区页面，单击“Done”返回主设置页面（如图6-5所示）。

SUMMARY OF CHANGES

Your customizations will result in the following changes taking effect after you return to the main menu and begin installation:

Order	Action	Type	Device Name	Mount point
1	Destroy Format	Unknown	vda	
2	Create Format	partition table (MSDOS)	vda	
3	Create Device	partition	vda1	
4	Create Format	xfs	vda1	/boot
5	Create Device	partition	vda2	
6	Create Format	physical volume (LVM)	vda2	
7	Create Device	lvmvg	rhel	
8	Create Device	lvmlv	rhel-swap	
9	Create Format	swap	rhel-swap	
10	Create Device	lvmlv	rhel-root	
11	Create Format	xfs	rhel-root	/

Cancel & Return to Custom Partitioning　　Accept Changes

图6-10　变更汇总页面

单击“Begin Installation”，进入系统配置页面。在系统配置页面中，可以设置root用户的密码与添加新用户信息，如图6-11所示。完成后单击“Reboot”重启系统。

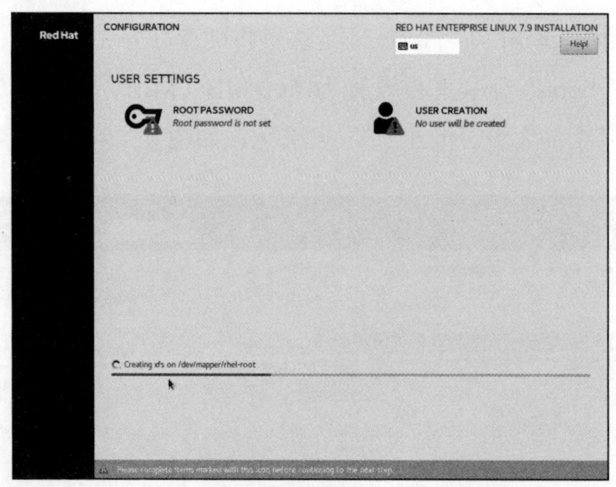

图 6-11　设置 root 用户密码，添加新用户

压缩镜像。关闭虚拟机，使用以下命令清除镜像中的个性化日志、系统日志文件和临时文件。

```
[root@localhost images]# virt-sysprep -d rhel7
```

使用 virt-sparsify 命令对镜像文件进行压缩，具体命令如下。

```
[root@localhost images]# virt-sparsify --tmp /tmp \
--compress --convert qcow2
rhel7.qcow2 rhel7_backup.qcow2
```

测试镜像。打开虚拟机管理器，单击 Create 图标新建一个虚拟机，在图 6-12 所示页面选择“Import existing disk image”。

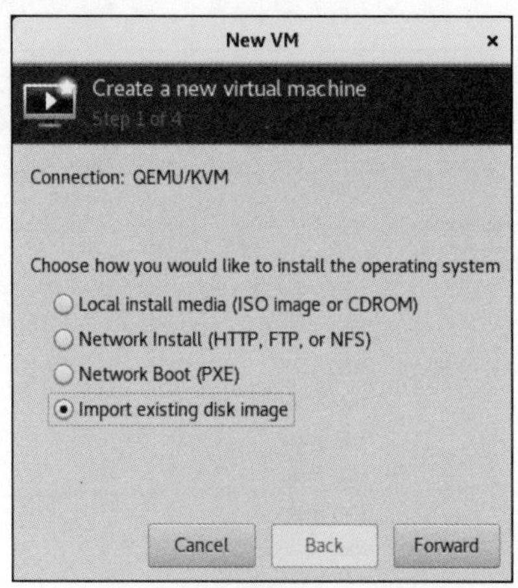

图 6-12　创建虚拟机页面

在选择存储卷路径页面中，单击“Browse Local”按钮，进入存储卷的选择页面，选择上一个步骤创建的 rhel7_backup.qcow2 镜像，并单击“Choose Volume”确认镜像，如图 6-13 所示。

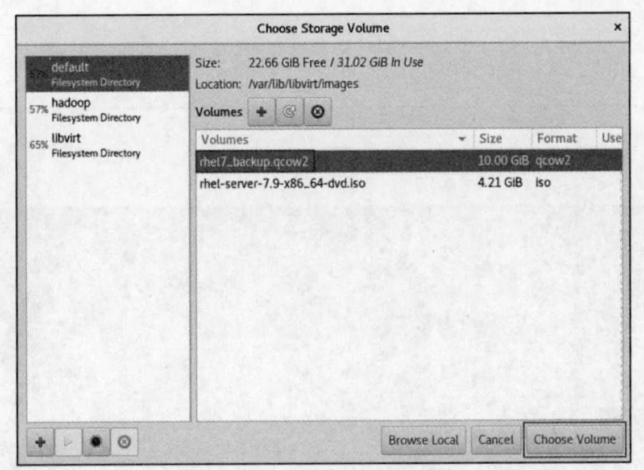

图 6-13　选择镜像

配置虚拟机的内存大小为 2048 MB（MiB），CPU 内核（CPUs）数量为 2，如图 6-14 所示。

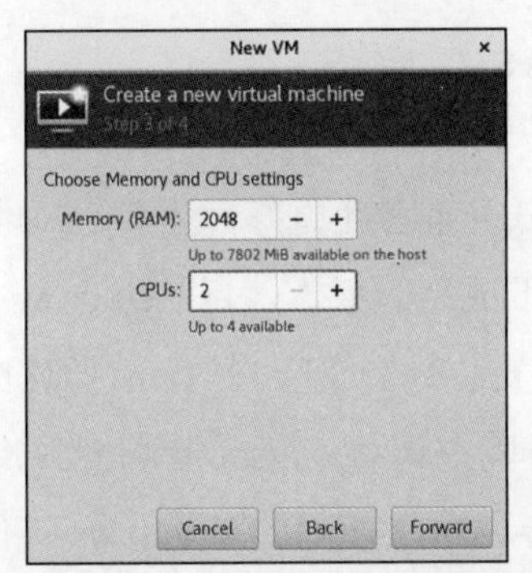

图 6-14　配置虚拟机内存和 CPU 内核数量

设置虚拟机名称为“rhel7_backup”，网络模式设置为桥接模式（Bridge），如图 6-15 所示。单击“Finish”完成虚拟机创建。

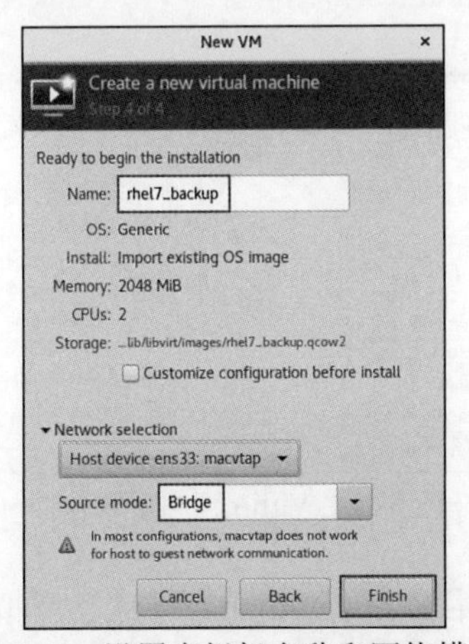

图 6-15　设置虚拟机名称和网络模式

启动虚拟机，系统正常运行的页面如图 6-16 所示。

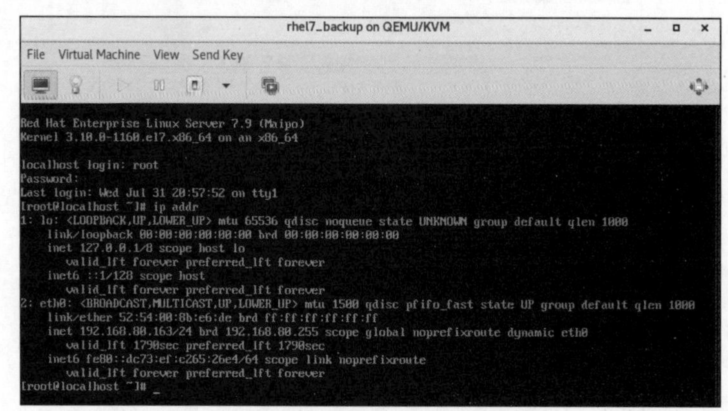

图 6-16　系统正常运行页面

6.4.2　制作并测试 Windows 7 镜像

Windows 7 对硬件的要求低、兼容性更好，尤其是在虚拟机环境中，不需要过高的硬件配置即可进行镜像制作。对于更高的版本，以 Windows 10 为例，制作镜像要求 KVM 中配置 16 GB 内存、8 核 CPU，且安装时长超过 120 min，耗时长、效率低。相较而言，Windows 7 更适合在资源有限的虚拟机环境中运行。为了更好地介绍制作镜像的方法，我们选择 Windows 7 版本，讲述相关内容。这里使用的 Windows 镜像为 Windows 7 旗舰版 32 位。

Windows 默认没有 Virtio 驱动，而启动虚拟机的命令指定磁盘驱动和网卡驱动是 Virtio，因此需要下载 Virtio 驱动文件。在浏览器中输入 Fedora 官网网址，下载 Virtio 驱动安装包，下载页面如图 6-17 所示。单击下载 virtio-win-0.1.108_x86.vfd 文件，并将文件上传到 Linux 的/var/lib/Libvirt/images 目录下。

fedora

NAVIGATION

→ Home

Name	Last modified	Size	Description
Parent Directory		-	
virtio-win-0.1.108.iso	2015-08-09 21:43	54M	
virtio-win-0.1.108_amd64.vfd	2015-08-09 21:41	2.8M	
virtio-win-0.1.108_x86.vfd	2015-08-09 21:41	2.8M	
virtio-win.iso	2015-08-09 21:43	54M	
virtio-win_amd64.vfd	2015-08-09 21:41	2.8M	
virtio-win_x86.vfd	2015-08-09 21:41	2.8M	

图 6-17　Virtio 官网下载页面

制作 Windows 7 镜像。使用命令 virt-manager 启动虚拟机管理器，具体如下。

```
[root@localhost /]# virt-manager
```

单击“create”图标创建虚拟机，选择“Local install media(ISO image or CDROM)”创建方式，如图 6-18 所示，单击“Forward”按钮进入下一步。

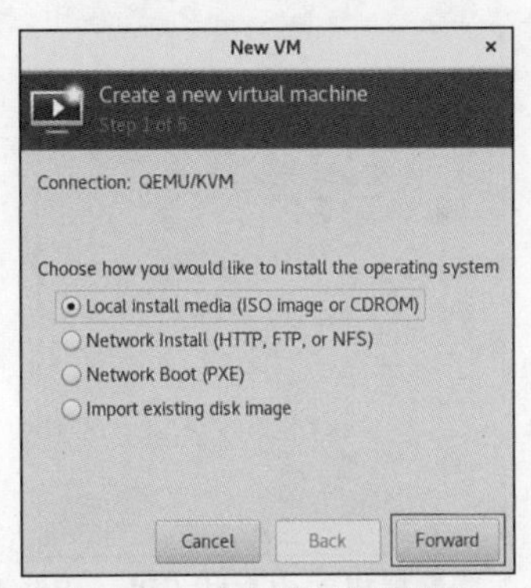

图 6-18　创建新的虚拟机

选择“Use ISO image”，如图 6-19 所示。单击“Browse”，进入“Choose Storage Volume”页面。

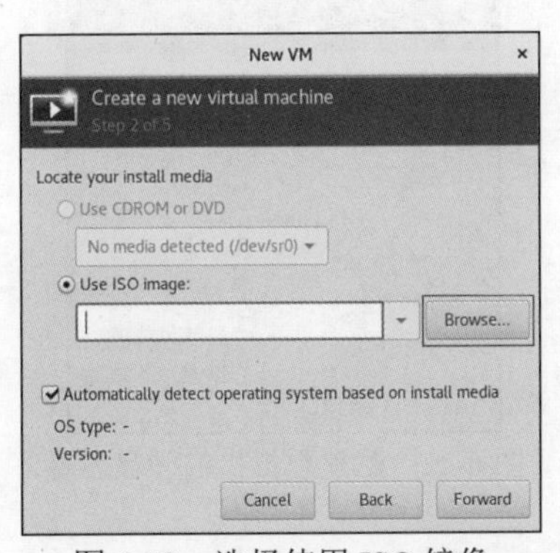

图 6-19　选择使用 ISO 镜像

选择上传的 Windows 7 镜像，单击“Choose Volume”按钮确定，如图 6-20 所示。

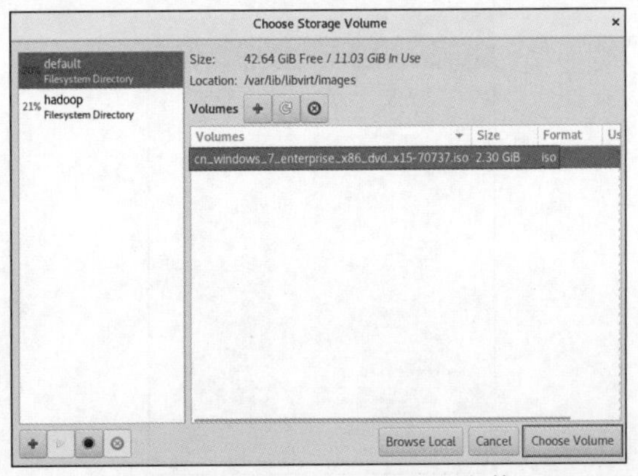

图 6-20　选择 Windows ISO 文件

将虚拟机的内存大小设置为 4096 MB（MiB），CPU 内核（CPUs）数量设置为 2，如图 6-21 所示。单击“Forward”进入下一步。

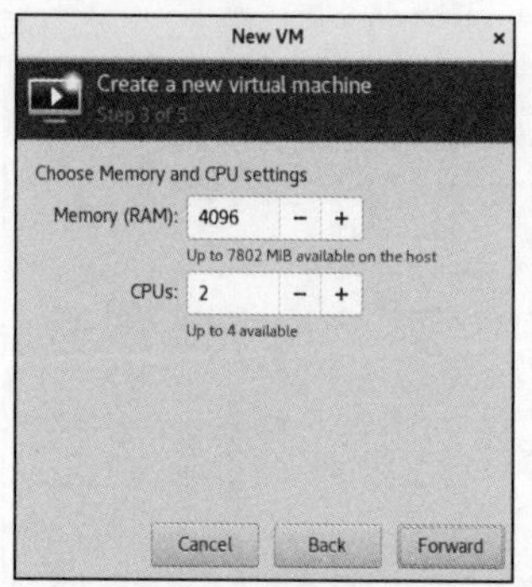

图 6-21　配置虚拟机的内存和 CPU（Windows 7）

将虚拟机的硬盘容量设置为 20 GB（GiB），如图 6-22 所示。单击“Forward”进入下一步。

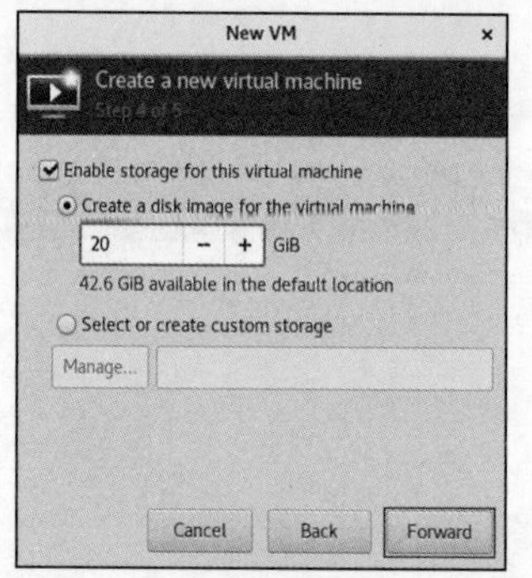

图 6-22　配置虚拟机的硬盘容量

设置虚拟机的名称为 win7，网络模式选择桥接模式（Bridge），如图 6-23 所示。单击“Finish”完成虚拟机创建。

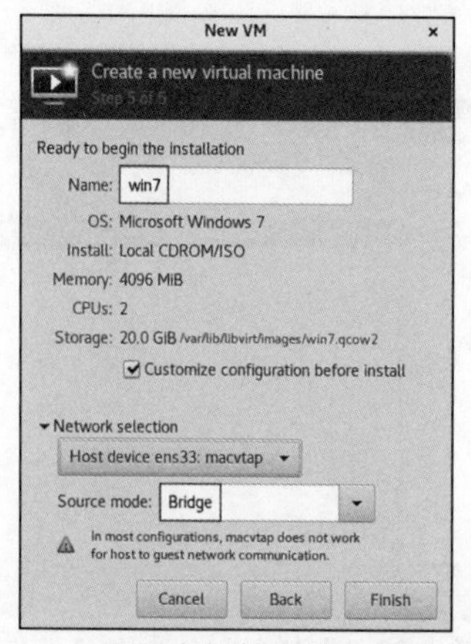

图 6-23　设置虚拟机名称和网络模式

在图 6-24 所示硬盘配置页面中，选择“IDE Disk 1”，并选择“Disk bus”为“VirtIO”，之后单击“Apply”确认修改。

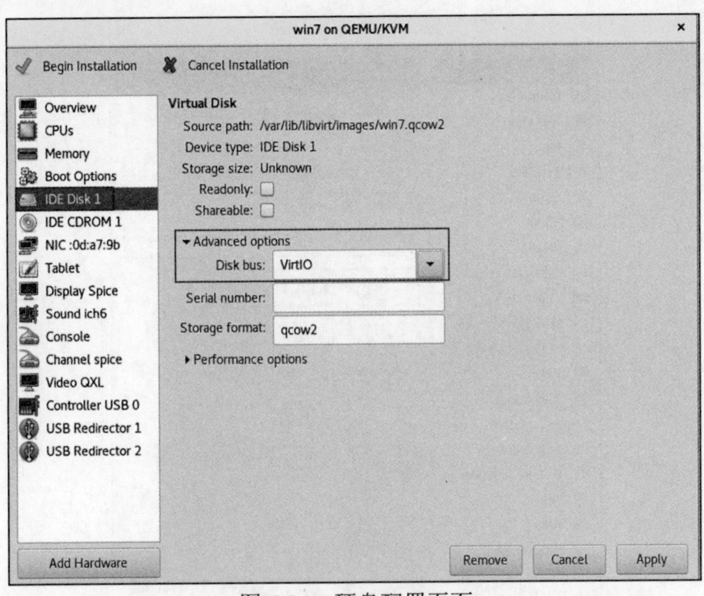

图 6-24　硬盘配置页面

在图 6-25 所示网卡配置页面，选择“NIC:0d:a7:9b”网卡设置，“Device model”选择“virtio”，并单击“Apply”确认修改。

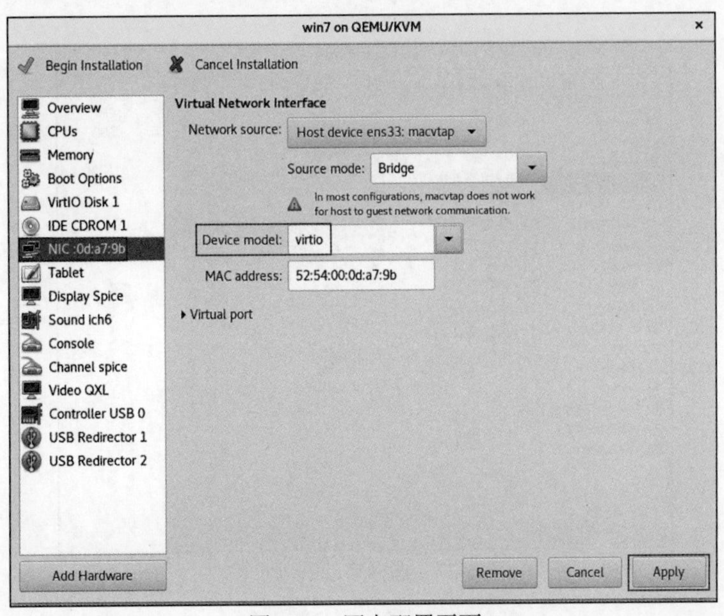

图 6-25　网卡配置页面

单击“Add Hardware”按钮，新建一个存储介质。在图 6-26 所示添加软盘驱动页面，选择“Select or create custom storage”选项，单击“Manage”添加“virtio-win-0.1.108_x86.vfd”，“Device type”选择“Floppy device”，之后单击“Finish”完成创建。

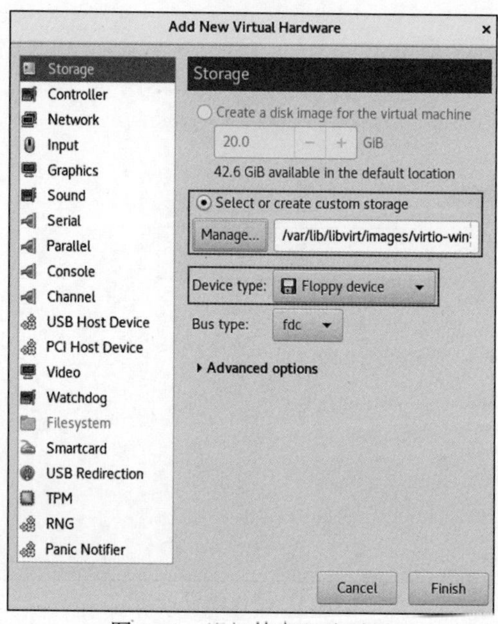

图 6-26　添加软盘驱动页面

下面选择启动选项，在图 6-27 所示页面选择“Boot Options”，勾选“Enable boot menu”选项，并勾选“IDE CDROM 1”作为启动选项。

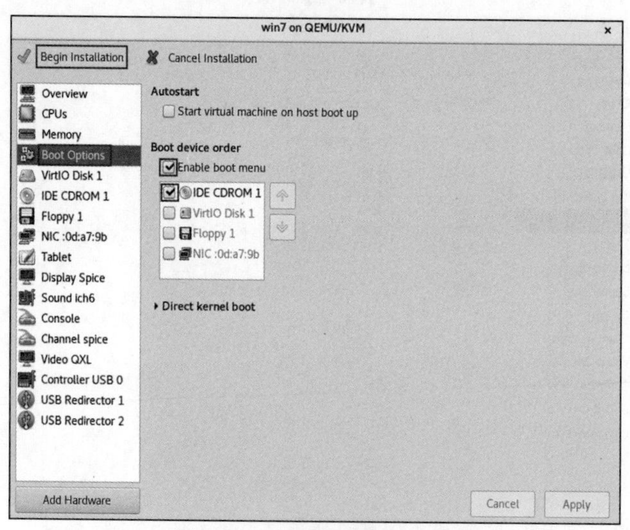

图 6-27　选择启动选项页面

设置完成后，单击图 6-27 所示页面左上角“Begin Installation”，进行 Windows 7 的安装。在图 6-28 所示页面中，将系统安装的语言键盘和输入方法设置为中文，单击“下一步”。

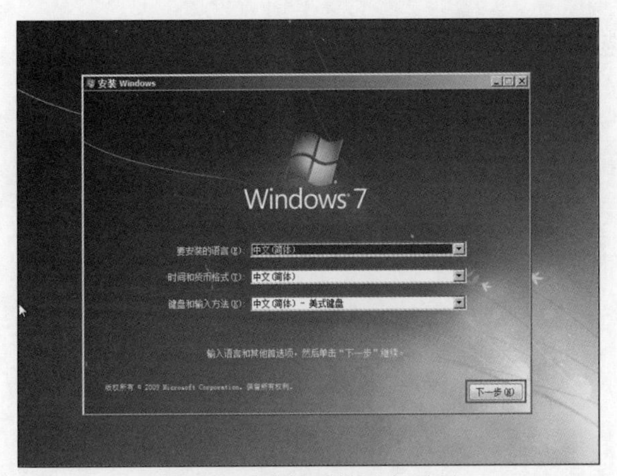

图 6-28　选择系统语言页面

在图 6-29 所示 Windows 7 安装页面中单击“现在安装”。

图 6-29　Windows 7 安装页面

在图 6-30 所示页面勾选“我接受许可条款”，并单击“下一步”。

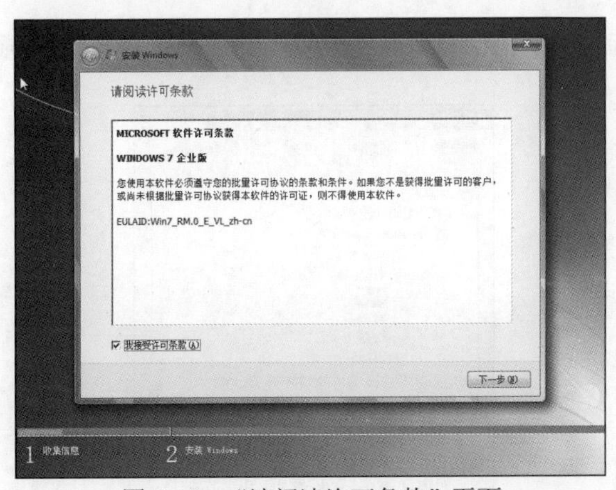

图 6-30　“请阅读许可条款”页面

在图 6-31 所示选择安装类型页面中，选择“自定义(高级)(C)”。

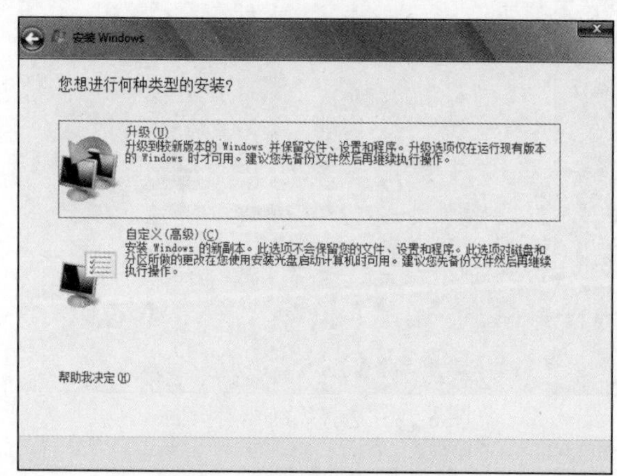

图 6-31　选择安装类型页面

在图 6-32 所示页面单击“加载驱动程序”。

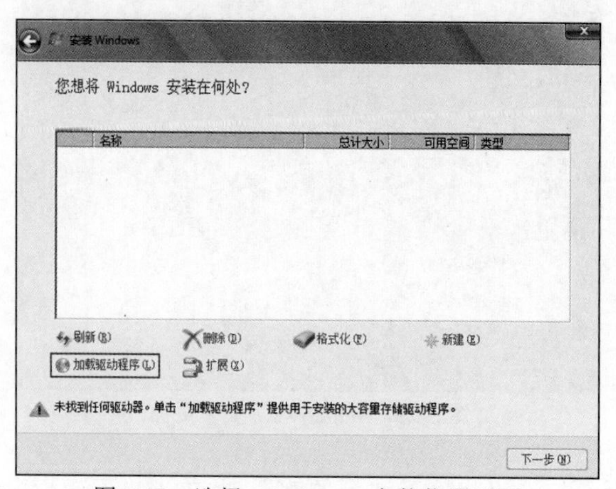

图 6-32　选择 Windows 7 安装位置页面

在图 6-33 所示选择驱动页面选择 “Win7”文件夹，并单击“确定”。

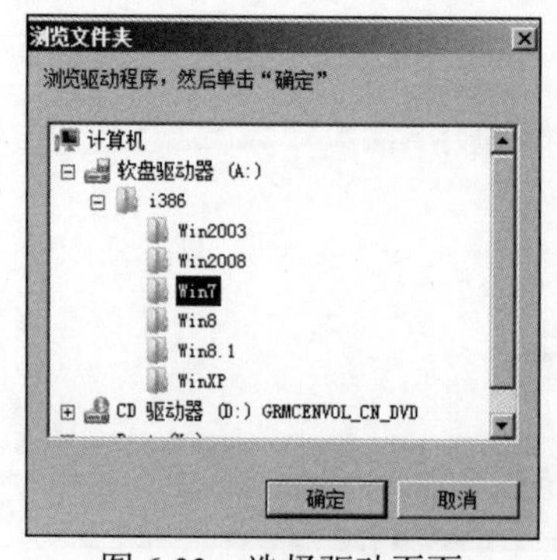

图 6-33　选择驱动页面

在图 6-34 所示页面选择“viostor.inf”驱动，并单击“下一步”，进行驱动的安装。

驱动安装完后，系统会识别到磁盘 0，如图 6-35 所示，这时单击“下一步”，将系统安装到磁盘 0 上。

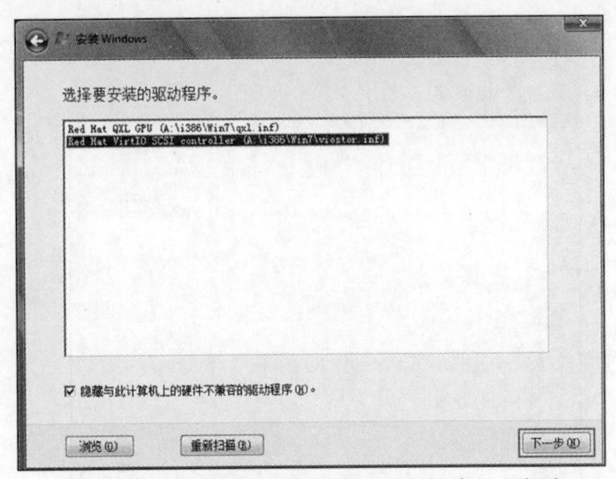

图 6-34　“选择要安装的驱动程序”页面

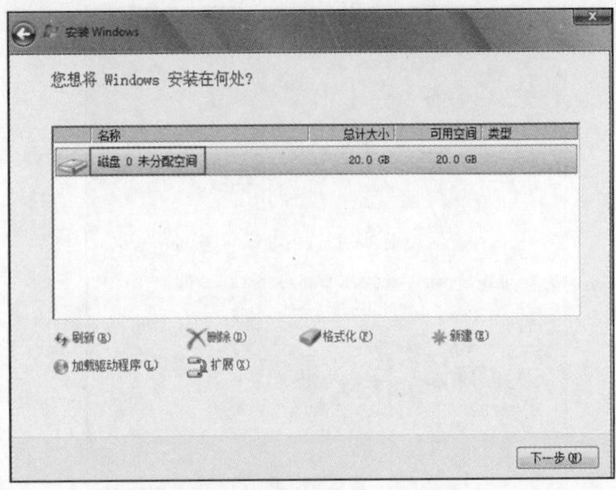

图 6-35　将系统安装到磁盘 0 上

安装完成后，进入系统时会弹出图 6-36 所示登录页面，在该页面中设置用户名、计算机名称等。

设置完成，进入系统桌面，如图 6-37 所示。至此，Windows 7 的安装已完成。

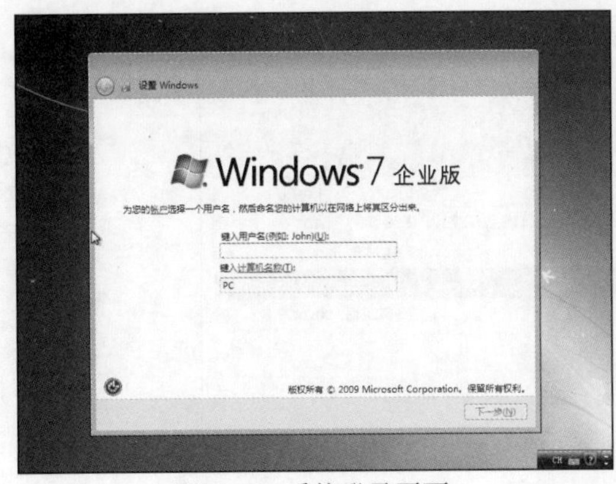

图 6-36　系统登录页面

图 6-37　系统主页面

压缩镜像。创建完 Windows 7 虚拟机后，关闭虚拟机系统。使用 virt-sysprep 工具清除镜像中的个性化设置，再使用 virt-sparsify 工具对 Windows 7 镜像文件进行压缩，生成压缩镜像，方便镜像存储与传输。在终端中执行以下命令。

```
[root@localhost images]# virt-sysprep -d win7
[root@localhost images]# virt-sparsify --tmp /tmp \
--compress --convert qcow2 \
/var/lib/Libvirt/images/win7.qcow2 \
/var/lib/Libvirt/images/win7_backup.qcow2
```

测试镜像。在虚拟机管理器页面中，单击图标，创建新的虚拟机。选择“Import existing disk image”方式安装系统，如图 6-38 所示，单击“Forward”，进入下一步。

在图 6-39 所示页面中，单击“Browse”，进入存储卷选择页面。

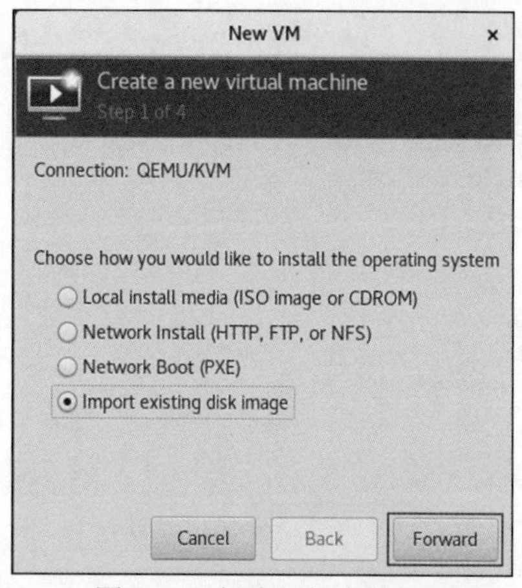

图 6-38　创建新的虚拟机 2

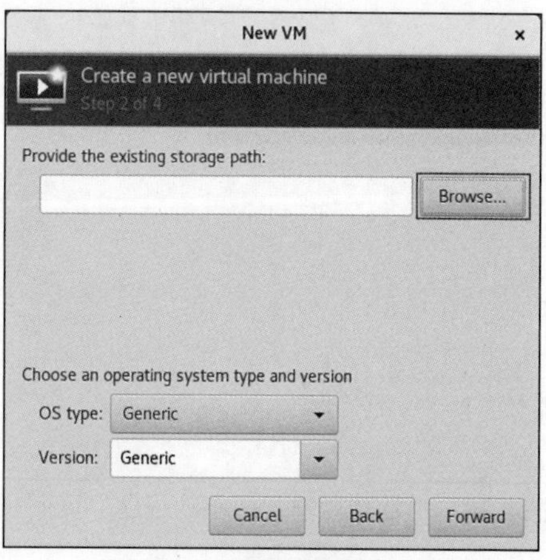

图 6-39　选择镜像路径页面

选择刚创建的压缩镜像文件“win7_backup.qcow2”，如图 6-40 所示。单击“Choose Volume”确认，并在弹出页面单击“Forward”进入下一步。

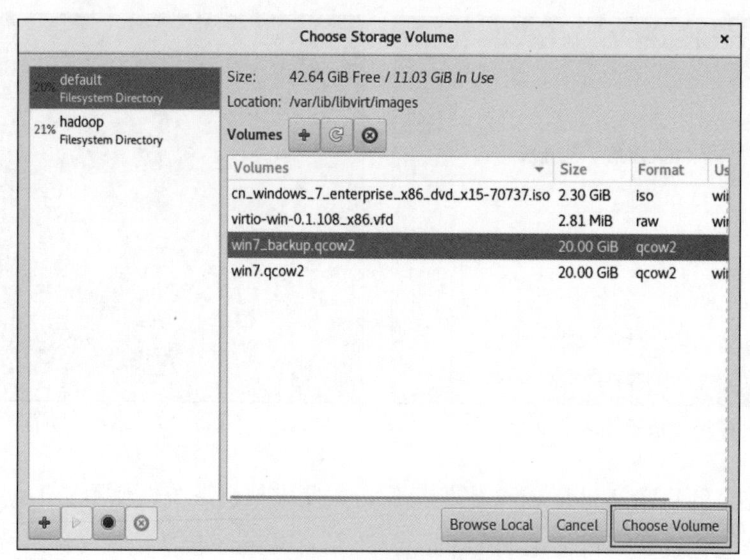

图 6-40　选择备份的镜像

配置虚拟机的内存大小为 4096 MB（MiB），CPU 内核数量为 2，如图 6-41 所示。之后单击“Forward”。

将虚拟机名称设置为“win7_backup”，如图 6-42 所示。之后，单击“Finish”完成虚拟机创建。

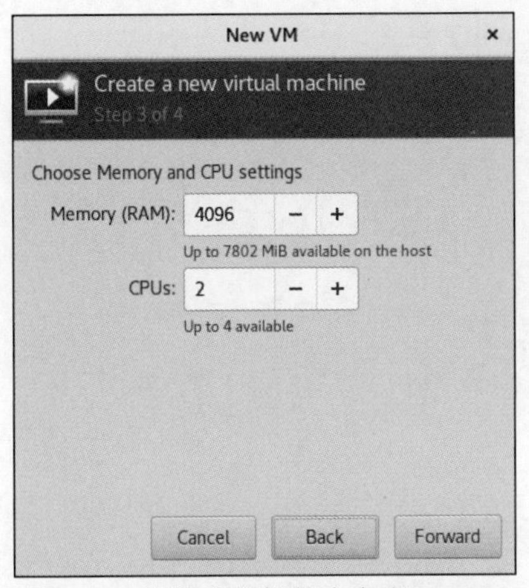

图 6-41　设置虚拟机的内存和 CPU 2

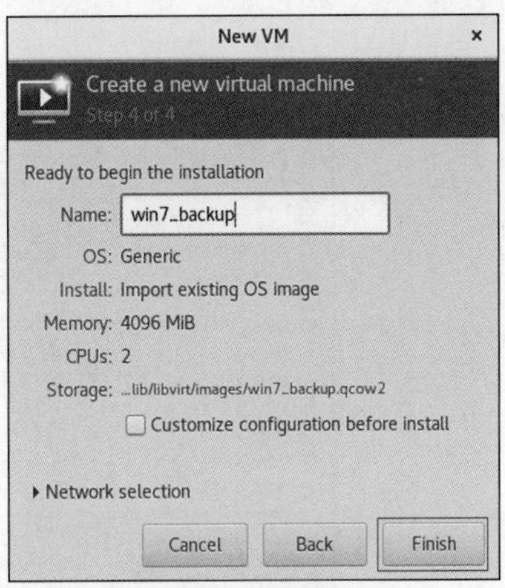

图 6-42　虚拟机命名

启动 win7_backup 虚拟机，进入图 6-43 所示页面。

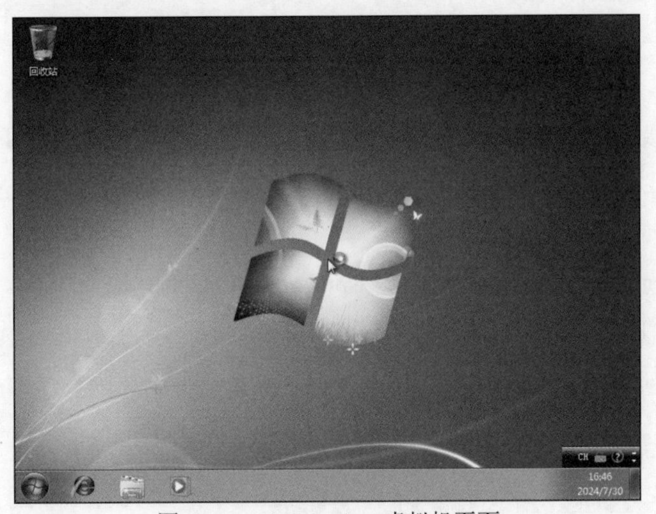

图 6-43　win7_backup 虚拟机页面

6.4.3　桌面虚拟化

这里使用 SPICE 实现桌面虚拟化。

在主机 Linux 中需要安装 spice-protocol 与 spice-server 两个程序，使用以下命令进行安装。

```
[root@localhost ~]# yum install -y spice-protocol spice-server
```

打开 win7 虚拟机，在设备详情页面中选择“Display Spice”选项，“Type”选择“Spice server”，“Address”选择“All interfaces”，“Port”和“TLS port”勾选“Auto”，如图 6-44

所示。设置完成后单击“Apply”保存，随后启动 win7 系统。

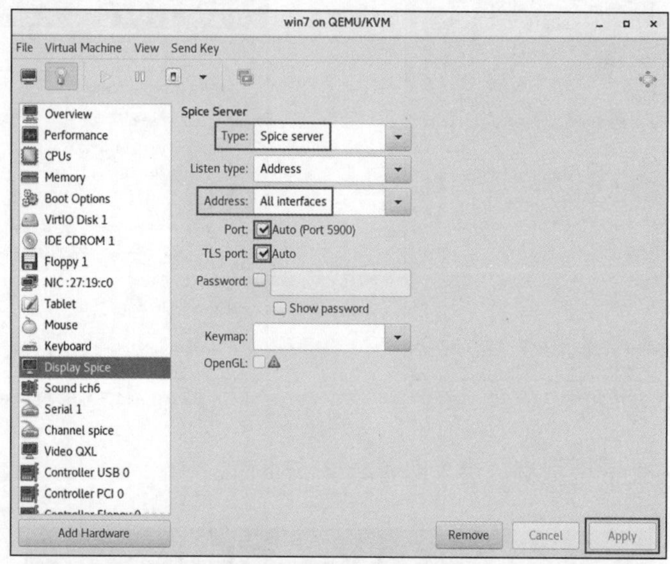

图 6-44　配置 Display Spice

客户机上需要安装 virt-viewer 程序进行远程访问。在浏览器中打开 Virtual Machine Manager 官网，找到 virt-viewer 下载页面，选择合适的 virt-viewer 版本进行下载安装。安装成功后运行 virt-viewer 程序。

在 virt-viewer 页面的连接地址中输入 spice://宿主机的 IP 地址:5900。本次实现宿主机的 IP 地址为 192.168.80.157，具体输入内容如图 6-45 所示。单击“连接”远程访问 win7 虚拟机，其页面如图 6-46 所示。

图 6-45　输入连接地址

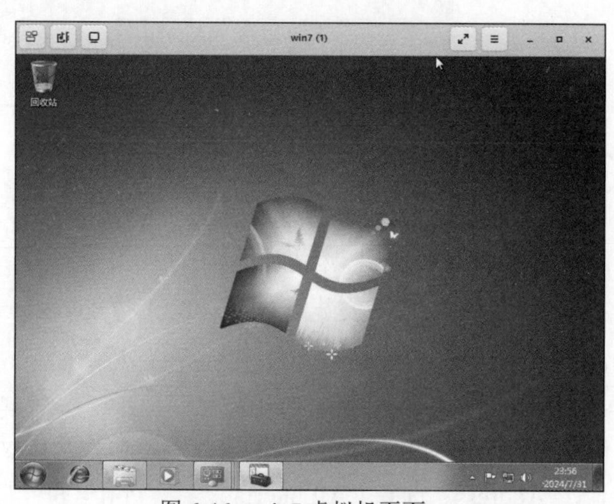

图 6-46　win7 虚拟机页面

课后练习

1．选择题

（1）在进行大量连续数据读/写操作时，哪种格式可能表现更好？（　　）

A．qcow2 格式　　B．RAW 格式

C．两种格式性能一样　　D．取决于操作系统

（2）如果网络带宽有限，哪种格式在传输虚拟机镜像时可能更高效？（　　）

A．占用空间大的 RAW 格式　　B．采用压缩技术的 qcow2 格式

C．无法确定　　D．两种格式效率相同

（3）以下哪种关于 qcow2 格式的说法是正确的？（　　）

A．总是预先分配全部存储空间　　B．采用动态分配空间策略

C．不支持压缩功能　　D．性能一定优于 RAW 格式

（4）RAW 格式的特点之一是（　　）。

A．动态调整存储空间　　B．支持写时复制功能

C．预先分配指定大小的存储空间　　D．可以自动加密数据

（5）如果一个用户既需要高性能又担心存储空间浪费，以下哪种做法比较合适？（　　）

A．直接选择 RAW 格式

B．直接选择 qcow2 格式

C．根据实际情况测试两种格式后决定

D．放弃使用虚拟机

（6）SPICE 和 VNC 主要用于什么场景？（　　）

A．网络文件共享　　B．远程桌面访问

C．数据库管理　　D．网络安全监控

（7）在处理图形密集型应用（如 3D 游戏或图形设计软件）时，哪种协议通常能提供更好的图形显示效果？（　　）

A．SPICE　　B．VNC　　C．两者效果相同　　D．取决于网络带宽

（8）VNC 是否支持多操作系统使用？（　　）

A．仅支持 Windows

B．支持 Windows 和 Linux 平台

C．支持多种主流操作系统，如 Windows、Linux、macOS 等

D．仅支持 Linux

（9）以下关于 SPICE 的多媒体支持的说法哪一种是正确的？（　　）

A. 仅支持音频播放，不支持视频

B. 支持音频和视频，但质量较差

C. 对音频和视频都有较好的支持，能流畅播放

D. 完全不支持多媒体

（10）在高分辨率屏幕远程控制场景下，VNC 可能面临的问题是什么？（　　）

A. 响应速度加快　　B. 对网络带宽要求降低

C. 图像传输时延增加，可能卡顿　　D. 不受任何影响

2. 问答题

（1）详细描述 qcow2 格式和 RAW 格式之间的区别。

（2）详细描述镜像压缩的作用。

（3）KVM 镜像管理中，如何创建一个指定大小和格式的空白磁盘镜像？

（4）与传统桌面环境相比，桌面虚拟化有哪些主要优势？

（5）KVM 中有哪些虚拟化技术？详细描述这些技术的特点。